EDITION | PORSCHE FAHRER

Tobias Zoporowski

Praxisratgeber
Klassikerkauf

Porsche Boxster (Typ 986)

Alle Modelle von 1996-2004

HEEL

HEEL Verlag GmbH
Gut Pottscheidt
53639 Königswinter
Telefon 0 22 23 / 92 30-0
Telefax 0 22 23 / 92 30-13
Mail: info@heel-verlag.de
Internet: www.heel-verlag.de

Verantwortlich für den Inhalt: Tobias Zoporowski.

Lektorat: Jost Neßhöver

Gestaltung der deutschen Ausgabe:
Rainer Roßbach, Kommunikations-Design, Bonn

Printed in Germany

ISBN 978-3-95843-770-8

Inhalt

Einleitung – Zum Zweck dieses Buches

Der Boxster – Viel Porsche fürs Geld

Geschichte wiederholt sich: Wann immer die schwäbische Sportwagenschmiede ein Fahrzeug auf den Markt brachte, das nicht zur glorreichen 911-Familie gehört, stellt sich die Automobilwelt die eine existenzielle Frage: Ist das wohl ein echter Porsche? Ob beim Mittelmotor-Typ 914, beim zunächst als „Hausfrauen-Porsche" verschmähten Transaxle-Modell 924 oder beim Gran Turismo 928 – die Kritiker waren eigentlich immer zuerst da! Kurios nur, dass die so verspotteten Typen im Grunde alle wesentlich erfolgreicher wurden als die Zweifler je zugeben wollten. Mehr noch: Sie sicherten den Zuffenhausenern, die in ihrer Geschichte mehr als einmal am Rande des Abgrunds standen, das Überleben. Auch weil sie neue Käufer lockten, die zuvor niemals daran gedacht hätten, einen Porsche zu erwerben.
Anfang der Neunziger waren die Schwaben erneut in eine Krise geraten, das Modellprogramm nicht mehr wirklich konkurrenzfähig. Auf die aufkommende Roadsterwelle, von Mazda mit dem kleinen und leichten Spaßauto MX-5 losgetreten, hatte kein deutscher Hersteller eine Antwort. Aus der Nachbarschaft, von Mercedes, hieß es gerüchteweise, dass man dort an einem ähnlichen Konzept arbeite. Wie wir heute wissen, wurde der überaus erfolgreiche SLK daraus. Grund genug für die Porsche-Leute, über die Entwicklung eines Mittelmotor-Roadsters zu sinnieren, die dann 1993 zunächst als aufsehenerregende Studie „Boxster Concept" (Boxster als Wortschöpfung aus Boxer und Roadster) vorgestellt und 1996 zum Serienfahrzeug wurde.
Dabei nahm der Boxster (Typ 986) als seinerzeit preisgünstigster Porsche wesentliche Stilelemente des 911 vom Typ 996 vorweg, speziell die charakteristische Leuchtengrafik („Spiegeleier") trug der „Kleine" als Erster. Und erntete – natürlich! – sofort Kritik ob seiner gestalterischen Nähe zum ehrwürdigen „Elfer", der doch schließlich auch einen ganzen Happen teurer war.
Nichtsdestotrotz und obwohl sich der Boxster – der zunächst in Stuttgart und später im fin-

Mit den „Spiegeleier"-Scheinwerfern – Fans nennen sie übrigens „Le Mans-Lampen" – machte Porsche sich anfangs keine Freunde. Heute hat man sich dran gewöhnt.

An den Hecks sollt ihr sie erkennen: Boxster (l.) und 911 (Typ 996).

nischen Uusikaupunki bei Valmet gefertigt wurde – anfangs ärgerliche Verarbeitungsschwächen leistete, wurde er für Porsche zu einem großen Erfolg. Der Einstiegspreis von anfangs um die 40.000 Euro für einen Porsche mit 204 PS starkem Sechszylinder-Boxermotor und elektrischem Faltverdeck (ein Hardtop gab es gegen Aufpreis) lockte Neukunden in Scharen in die Verkaufsräume des Sportwagenbauers. Der Boxster ist bis heute eine feste Größe im Modellprogramm der Zuffenhausener. Und es lästert schon lange niemand mehr über ihn.

Der Boxster der Baureihe 986, wie er von 1996 bis 2005 verkauft wurde, ist aktuell die wohl günstigste Möglichkeit, einen Porsche zu fahren. Was gleichzeitig auch die Achillesferse bei vielen Fahrzeugen ist, die zum Teil zu erstaunlich günstigen Kursen angeboten werden: Vielen war der Boxster die Möglichkeit, endlich auch einmal einen Porsche zu fahren – für Wartung und Pflege hat es dann aber nicht mehr gereicht. Für den Laien ist es nicht einfach, die Spreu vom Weizen zu trennen und ein ordentliches Auto zu finden, das sein Geld auch wert ist. Ein gut gepflegter Porsche ist schließlich praktisch schon ab Werk ein Klassiker. Auf dem Weg zu „Ihrem" Traum-Boxster soll Sie dieses Buch unterstützen und vor bösen Überraschungen bewahren. Deshalb sollten Sie es, wenn möglich, bei der Besichtigung eines potenziellen Kaufobjektes immer dabei haben. Wir wünschen viel Erfolg bei der Suche!

Dach-Origami: Das lässt sich sogar während der Fahrt (bis 30 km/h) öffnen.

1 Der richtige Wagen?

Reichlich Platz für zwei, das war es dann aber auch – ein Familienauto wollte und sollte der Boxster nie sein.

Alltagstauglichkeit

Der Porsche Boxster ist grundsätzlich und bei jedem Wetter alltagstauglich. Er ist außerdem ein Roadster für zwei und kein Familienkombi. Immerhin hat er als Mittelmotorsportler zwei Kofferräume.

Platzangebot

Der Boxster ist ein Zweisitzer. Das Platzangebot auf den vorderen Sitzen ist auch für große Fahrer ausreichend. Der Verstellbereich der Sitze und des Lenkrads wird verschiedensten Körpergrößen gerecht.

Bedienbarkeit

Die nicht unbedingt einem Hersteller teurer Sportwagen angemessene Materialanmutung im Innenraum kann man zu Recht kritisieren. Die Bedienung gibt indes keine Rätsel auf.

Kofferraum

Gemessen am Fahrzeugkonzept, das Knappheit zum obersten Gebot erklärt, ist das Volumen der beiden Laderäume ordentlich. Hinten stehen 260 Liter und vorne noch einmal knapp unter 150 Liter zur Verfügung. Für den Trip nach Sylt reicht das allemal.

Platzbedarf/Garage

Mit einer Fahrzeugbreite von knapp 1,80 m und einer Länge von knapp über vier Metern geht der erste Boxster als recht zierliches Automobil durch. In der Garage oder auf dem Supermarktparkplatz sollte man den Öffnungswinkel der recht langen Türen beachten.

Die Kopfstützen der bequemen und straff gepolsterten Sitze sind nicht verstellbar. Das Gestühl passt aber den meisten Menschen wie angegossen.

Die ineinander verschränkten Rundinstrumente im Stil der Neunziger sind gut ablesbar, das Zündschloss sitzt natürlich links.

Ins achtere Kofferabteil passt Gepäck für ein verlängertes Wochenende. Kleinkram geht auch vorn noch hinein.

Laufende Kosten

Betriebs- und Unterhaltskosten liegen zwar unter denen eines Elfers, aber: Auch der Boxster ist ein Porsche. Mit weniger als elf Litern auf 100 Kilometer werden Sie selbst die Basismaschine nicht bewegen können.

Ersatzteile

Kein Problem. Die Porsche-Niederlassungen und Vertragshändler können alles liefern, was der Boxster zum Leben braucht. Allerdings liegt das Preisniveau für originale Ersatzteile entsprechend hoch. Auf dem freien Ersatzteilmarkt gibt es spezialisierte Anbieter, die günstiger liefern können. Ein günstiges Vergnügen ist ein Porsche allerdings nie.

Versicherung

Versicherungen stufen Cabriolets und Roadster durchschnittlich stets etwas höher ein. Allerdings waren viele Boxster von Beginn an als Zweit- oder gar Drittfahrzeuge in Liebhaberhand, so dass die Versicherungstarife überschaubar bleiben. Allerdings wird diese Bilanz ein wenig davon getrübt, dass der vergleichsweise günstige Boxster nicht selten auch durch Hände ging, die ihn sich eigentlich nicht leisten konnten. Und ihn verheizt haben. Es gibt Assekuranzen, die für den noch recht jungen Wagen bereits vergünstigte „Newtimer"-Tarife anbieten. Fragen Sie Ihre Versicherung danach.

Werterhalt

Ein dunkles Kapitel für den Boxster. Noch gilt er eher als billige Eintrittskarte in den Sportwagenhimmel denn als kommender Klassiker, was er zweifelsfrei ist. Der Markt sieht das indes (noch) anders, fahrbare Fahrzeuge gibt es für weniger als 10.000 Euro, nur sehr gepflegte Exemplare aus erster oder maximal zweiter Hand mit durchweg nachweisbarer Historie halten ihren Wert, steigen derzeit aber praktisch nicht. Das wird sich in den kommenden Jahren voraussichtlich ändern.

Gute Seiten

Lassen Sie sich nicht beirren: Der Boxster ist ein echter Porsche! Selbst die Basismotorisierung mit immerhin bereits 204 PS taugt zum Spaß haben, das Fahrwerk sowieso. Mit den leistungsstärkeren Motoren bekommen Sie das Grinsen nicht mehr aus dem Gesicht.

Schlechte Seiten

Wurden die Kinderkrankheiten, auf die wir später noch im Detail eingehen, nicht fachgerecht beseitigt, wird der vermeintlich günstige Sportler zur Kostenfalle. Auch ein Wartungsstau, der von wenig solventen Vorbesitzern verlängert wurde, kann den Boxster zum Alptraum werden lassen.

Alternativen

Die Konkurrenz kam aus der Nachbarschaft: Mit dem ersten SLK (R 170) bot Mercedes-Benz eine sportliche Alternative mit ingeniösem Metallklappdach. Der ist ebenfalls noch nicht wirklich teuer, obwohl die Preise für gute frühe SLK inzwischen steigen. Als weitere Alternative mag man noch den japanischen Stammvater des Roadsterbooms anführen, den Mazda MX-5. Die ersten beiden Serien (Typ NA und NB) werden allerdings inzwischen durchaus als Klassiker anerkannt, weshalb es zu der kuriosen Situation kommen kann, dass gute Exemplare vereinzelt höher gehandelt werden als ein Porsche Boxster. Obwohl der Mazda als Neuwagen natürlich viel günstiger war.

Der Boxster ist kein Auto für Heimwerker, der Mittelmotor ist nur schwer zugänglich.

2 Kosten

Beginnen wir mit dem Super-GAU, einem kapitalen Motorschaden. Die Achillesferse früher Boxster ist konstruktiv bedingt der Motor: Die Kurbelgehäuse der Boxer wurden aus je vier Teilen zusammengeschraubt. Die mit recht großem Abstand zueinander montierten Nockenwellen werden über eine Zwischenwelle angetrieben, deren Lager als anfällig gelten. Im schlimmsten Fall reißt die Zwischenwelle aus und zerstört den Motorblock – Exitus. Das vergleichsweise instabile Kurbelgehäuse und die in den ersten Jahren zu weiche Beschichtung der Zylinderlaufbahnen verursachen auch gerne mal Kolbenkipper mit ähnlich fatalen Folgen. Meistens treten diese Schäden allerdings recht früh – deutlich vor Erreichen der 100.000-Kilometer-Marke – auf.

Frühe Boxster starben oft den Herztod. Mit dem Facelift wurde das Kurbelgehäuse verändert.

Kleine Inspektion (alle 20.000 km)	ca. 350 €
Große Inspektion (alle 40.000 km)	ca. 600 – 700 €
Motorrevision	ab 5000 €
Getrieberevision (Schalter)	ab 3000 €
Getrieberevision (Tiptronic)	ab 3500 €
Austauschmotor (M96, 2,5 und 2,7 Liter)	ab 9000 €
Austauschmotor (M96, 3,2 Liter)	ab 8500 €
Kühler	ab 150 €
Kupplungssatz	ab 200 €
Kupplungsmontage	ab 1000 €
Bremsscheiben vorn (Satz)	ca. 270 €
Bremsscheiben hinten (Satz)	ca. 300 €
Bremsbeläge vorn (Satz)	ca. 70 €

Bremsbeläge hinten (Satz)	ca. 85 €
Scheibenwischer vorn (Paar)	ca. 70 €
Lichtmaschine	ca. 400 €
ABS-Steuergerät	ca. 1200 €
Heizungs-/Lüftungssteuerung	ca. 200 €
Motorsteuergerät (DME)	ca. 2000 €
Getriebesteuergerät	ca. 1500 €
Car-Entertainment-/Telefoneinheit PCM-1	ca. 400 €
Car-Entertainment-/Telefoneinheit PCM-2	ca. 1600 €
Fensterhebermotor	ca. 160 €
Elektromotor für Heckspoiler	ca. 700 €
Scheinwerfer	ca. 200 €
Batterie (80 Ah)	ca. 150 €
Neulackierung inklusive Vorarbeiten	ab 6000 €

Das Hardtop gab es optional, es wurde nur selten bestellt.

Das Original-Navi ist etwas für Sammler. Das Kartenmaterial wird längst nicht mehr unterstützt.

Fällt die Litronic aus, kann das teuer werden. Das betrifft weniger die Brenner als vielmehr das Lichtsteuergerät.

Leicht zu finden:

Zum Zeitpunkt der Drucklegung dieses Buches sind kaum Ersatzteilengpässe für den Boxster bekannt. Die Porsche-Zentren liefern alles, allerdings auch zu Porsche-Preisen. Im freien Ersatzteilhandel sind günstigere Kurse, aber auch schwankende Qualität möglich.

Schwer erhältlich:

Etwas rar geworden ist das Porsche Communication System PCM 1 (16-bit-Variante), wobei man sich durchaus die Frage stellen sollte, ob sich die Suche nach einem Gerät, dessen Navikarten-Support vor über zehn Jahren eingestellt wurde, überhaupt lohnt. Wer die empfindliche Kunststoff-Verdeckscheibe gegen eine aus echtem Glas tauschen möchte, was möglich ist, muss mitunter ebenfalls etwas länger suchen. Für alle Boxster-Modelle bot Porsche gegen Aufpreis Hardtops an, die jedoch nur selten geordert wurden.

Besonders teuer:

Man ahnt es schon: Schwächelt das Herz eines Porsche – der Motor –, wird es teuer. Ist ein Austauschaggregat fällig, können die Kosten unter Umständen einen wirtschaftlichen Totalschaden ausmachen. Ähnlich sieht es bei Getriebeproblemen aus oder, nicht ganz so schrecklich schlimm, wenn die „Litronic" (so nennt Porsche seine Xenon-Scheinwerfer) dunkel bleibt.

3 Leben mit einem Porsche Boxster

Mit einem Porsche Boxster lässt es sich vorzüglich leben! Jedenfalls dann, wenn Sie nicht gerade einen Familientransporter erwarten. Es ist die Rede von einem Roadster, einem Sportwagen für zwei Personen plus etwas Gepäck. Immerhin hält der Boxster gleich zwei Laderäume parat, wobei der vordere vom Ersatzrad bereits weitgehend gefüllt ist. Insgesamt stehen etwas über 300 Liter Kofferraumvolumen zur Verfügung, ein wenig länger als ein Wochenendtrip darf die Reise also schon sein.

Der Porsche wurde in erster Linie für Menschen entwickelt, denen die Freude am sportlichen Fahren wichtiger ist als uneingeschränkte Alltagstauglichkeit in allen Lebenslagen. In den Neunzigern gab es für diese Zielgruppe sogar einen eigenen Kunstbegriff: „DINKs (Double Income No Kids)". Die Gruppe gibt es noch, das Akronym ist aus der Mode, aber so ist es geblieben: Einen Boxster kauft man nicht, weil man ihn „benötigt", sondern weil man ihn will.

Nun gibt es einen großen Unterschied zwischen „sich einen Porsche Boxster leisten können" und „sich einen Porsche Boxster leisten können". Das eine heißt „kaufen" (passt oft), das andere „unterhalten" (passt leider nicht so oft). Der Mittelmotorsportler ist denkbar schrauberunfreundlich konstruiert, an den Antrieb selbst kommen Laien mit Hausmitteln praktisch nicht heran und sollten es auch besser nicht versuchen. Auch, wenn wir in dieser Ratgeberreihe versierten Heimwerkern gegenüber generell offen sind, raten wir im Falle des Boxster davon ab. Dieses Auto ist im Reparaturfall wirklich besser bei einem Spezialisten aufgehoben.

Gut und regelmäßig gewartet, kann man mit dem „Einsteigerporsche" ziemlich knackig über kurvige Landstraßen ziehen, mit den stärkeren Motorisierungen lässt sich durchaus auch die eine oder andere flotte „Ring-Runde" in den Asphalt brennen. Ein ausgemachter Rennwagen ist der Boxster nicht, seine Ab-

Dieser 97er ist seit 21 Jahren in erster Hand und wird im Alltag gefahren.

Dieser Boxster S ist ein Nach-Facelift, erkennbar an der klaren Blinkereinheit.

Keine Fake-Kiemen: Dahinter sitzt der Mittelmotor, hier mit 260 PS im 2004er Boxster S.

Kurvige Landstraßen sind das Revier des von Haus aus sehr gut ausbalancierten Mittelmotorsportlers. Trotz Wassermantels klingt der Boxer pur nach Porsche.

stimmung vergisst in Sachen Komfort keinesfalls, dass es auch schlechtere Straßen gibt. Richten Sie Ihr Augenmerk vor allem auf eine möglichst lückenlos nachvollziehbare Historie. Je mehr Nachweise und Quittungen, vor allem, wenn sie Arbeiten am Motor betreffen, vorhanden sind, desto besser. Die aktuellen Preise für gebrauchte Boxster locken viele Käufer an, die gern „mal für ´ne schmale Mark" Porsche fahren möchten, aber bereits bei einem großen Service finanziell kapitulieren müssen. Weshalb sie ihn dann einfach aufschieben oder gar nicht machen lassen. Bei einem komplex konstruierten Sportwagen wie dem Porsche Boxster rächt sich das irgendwann bitter. Und mit einem solchen Auto wollen Sie garantiert nicht leben.
Deshalb seien Sie sich vor dem Kauf eines gebrauchten Porsche Boxster stets der Tatsache bewusst, dass Sie kein „Low-Budget"-Auto erwerben. Im Idealfall sollten Ihre finanziellen Reserven auch für Originalersatzteile reichen, die von einer auf Porsche spezialisierten Werkstatt verbaut werden. Auf lange Sicht lohnt sich das in jedem Fall!

So soll das sein: Die vollständige und bestenfalls lückenlose Dokumentation des Boxster-Lebens hilft das Risiko des Käufers mindern.

4 Relative Werte – Welcher Porsche Boxster soll es sein?

Die Auswahl unter den Boxster-Ausführungen reduziert sich im Wesentlichen auf die Frage: Welcher Motor soll es denn sein? Karosserievarianten in dem Sinne gibt es keine – der Boxster ist ein zweisitziger Roadster mit Stoffverdeck. Das hat sich über die gesamte Bauzeit bis 2004 auch nie verändert, wenngleich die Motorenpalette behutsam weiterentwickelt wurde und es im Jahr 2002 ein leichtes Facelift gab, bei dem unter anderem die anfangs häufig kritisierte Materialanmutung im Innenraum aufgewertet und das anfällige Heckfenster durch eins aus Glas ersetzt wurde.

Bereits ab 1997 ließ Porsche den Boxster auch in Finnland bei Valmet fertigen. Die im hohen Norden produzierten Modelle gelten unter Fans als besser verarbeitet, man erkennt den Ort der Produktion an den Lettern S (Stuttgart) oder U (Uusikaupunki) in der Fahrgestellnummer. Ein Blick in die Fahrzeugpapiere ist ratsam.

Grundsätzlich gab es den Boxster in drei Ausbaustufen mit 2,5, 2,7 und 3,2 Litern Hubraum. Alle verfügen über einen wassergekühlten Sechszylinder-Boxermotor in Mitteleinbaulage mit Vierventiltechnik und zwei obenliegenden Nockenwellen pro Zylinderbank. Erhältlich war er stets wahlweise mit Schalt- oder Automatikgetriebe (Tiptronic), der Boxster S (3,2 Liter Hubraum) verfügte ab Werk

Besser: Bei späten 986 besteht die Heckscheibe aus Glas.

Den kompakten Boxer gab es mit 2,5, mit 2,7 und mit 3,2 Litern.

Der Heckspoiler lässt sich auch manuell ausfahren – im Fußraum vorn links steckt der Schalter.

Nur eingefleischte Handschalter-Fans verschmähen die Tiptronic.

Mit dem Facelift besserte sich die anfangs kritisierte Materialanmutung, das Uhrendesign blieb erhalten.

über eine Sechsgang-Schaltbox, seine hubraumschwächeren Brüder kamen mit fünf Fahrstufen aus.
Grundsätzlich kann keine der angebotenen Varianten als untermotorisiert gelten, mit einem Leergewicht von 1250 kg haben selbst die 204 PS des bis 1999 angebotenen Basismotors relativ leichtes Spiel. Dass die 260 Pferde des 3,2-Liter-Aggregates den Launefaktor nochmals heben, ist aber klar. Ab Modelljahr 2003 wurden alle Motoren mit verstellbaren Einlassnockenwellen („VarioCam“) ausgerüstet.

Marktlage

Die nachfolgende Tabelle gibt einen guten Überblick über das Preisgefüge der verschiedenen Ausführungen in Deutschland, wie es sich bei Drucklegung dieses Ratgebers darstellte, ermittelt von Classic Data. Die Spezialisten für Fahrzeugbewertungen aus Bochum beobachten seit mehr als 25 Jahren den Markt für zwei- und vierrädrige Klassiker und bieten ein bundesweites Netz qualifizierter Kfz-Sachverständiger, die unter anderem Wertgutachten erstellen. Unter www.classic-data.de findet sich eine nach Postleitzahlen sortierte Liste der Classic-Data-Partner. In der Realität können die Preise jedoch abhängig von Ausstattung und Fahrzeughistorie variieren. Natürlich spielen Originalität und Zustand bei den zu erzielenden Preisen die größte Rolle.

Zustandsnote								
Modell	**Baujahr**	**Hubraum (cm^3)**	**PS/kW**	**1**	**2**	**3**	**4**	**5**
Boxster	1996 – 99	2480	204/150	k.N.	11.200	7.600	4.100	k.N.
Boxster	2000 – 02	2687	220/162	k.N.	14.000	5.900	5.900	k.N.
Boxster	2003 – 05	2687	228/168	k.N.	15.400	6.500	6.500	k.N.
Boxster S	2000 – 02	3179	252/185	k.N.	14.800	6.100	6.100	k.N.
Boxster S	2003 – 2005	3179	260/191	k.N.	16.000	6.800	6.800	k.N.
Boxster S „50 Jahre 550 Spyder"	2004	3179	265/195	k.N.	26.600	k.N.	k.N.	k.N.

k. N.* = Keine Notierung

Quelle: Classic Data Stand März 2018

Das Sondermodell „50 Jahre 550 Spyder" gab es nur im Modelljahr 2004. Auf dem Gebrauchtmarkt taucht es nur selten auf.

5 Vor der ersten Inaugenscheinnahme

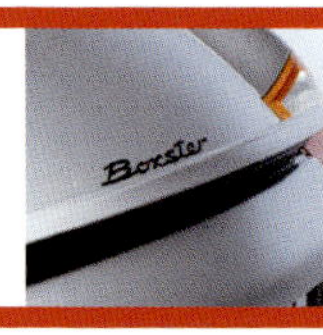

Beim ersten Rundgang fällt auf: Wo sind das Porsche-Wappen und der „Boxster S"-Schriftzug?

Die Goldene Regel für die Besichtigung lautet: Bleiben Sie gelassen! Zu große Begeisterung fürs Auto vernebelt die Sinne und den klaren Blick. Den aber brauchen Sie bei der Suche nach „Ihrem" Porsche Boxster. Informieren Sie sich vorab über die Marktlage, studieren Sie Fachmagazine und versuchen Sie, ein Gefühl für die Preise zu bekommen. Sind Sie unsicher, nehmen Sie Kontakt zu einem Club auf oder fragen Sie jemanden in Ihrem Bekanntenkreis, der Erfahrung mit Autos, bestenfalls mit solchen aus Zuffenhausen, hat.
Viele der im Folgenden genannten Punkte haben beim Fahrzeugkauf allgemeine Gültigkeit und beziehen sich nicht ausschließlich auf den Boxster. Sie zu beachten, wird Ihnen also in jedem Fall helfen.

Wo steht das Auto?

Das Angebot an guten Exemplaren ist recht groß, und eventuell steht Ihr vermeintlicher Traumwagen am anderen Ende der Republik oder gar im nächsten Nachbarland. Dennoch lohnt es sich – bevor Sie eine mehrstündige Anreise in Kauf nehmen – zunächst den Markt rund um Ihren Wohnort, bis maximal 100 km Umkreis, zu sichten. Sie werden in jedem Fall eine Menge Fahrzeuge in den unterschiedlichsten Zuständen und Preiskategorien sehen und lernen, in welchem vernünftigen Verhältnis beides für Sie zueinander stehen sollte. Und wer weiß? Vielleicht wartet der Porsche Boxster, den Sie zu finden hoffen, ja schon im Nachbarort.

Händler oder Privatverkäufer?

Inzwischen gibt es – neben den allseits bekannten „Kiesplatz-" oder „Fähnchenhändlern" – eine große Zahl von Betrieben, die sich auf den Handel mit klassischen Porsche spezialisiert haben. Gut gepflegte Exemplare finden sich natürlich auch immer wieder im Porsche-Zentrum. Dort finden Sie zumindest keinen rollenden Schrott. Der Händler steht ja auch in der Gewährleistungspflicht, was große Vorteile hat, und wird Ihnen daher ordentliche Ware verkaufen wollen. Die hat dann allerdings ihren Preis.

Auch im Fall des Porsche Boxster sind zuweilen eklatante Preisunterschiede zwischen gewerblichem und privatem Markt festzustellen – die nicht immer qualitativ zu rechtfertigen sind. Auf dem Privatmarkt ist die Gefahr, einem porschegewordenen Reparaturstau auf den Leim zu gehen, natürlich größer. Entweder sollten Sie selbst in der Lage sein, den Zustand eines Fahrzeuges einigermaßen sicher zu beurteilen oder Sie nehmen zur Besichtigung jemanden mit, der das kann. Ein Restrisiko bleibt natürlich. Zu guter Letzt: Welchen Eindruck macht der Verkäufer? Haben Sie das Gefühl, dass er sein Auto gut kennt, und kann er entsprechende Belege vorweisen, ist das Risiko beim privaten Kauf schon besser überschaubar.

Kosten der Überführung

Übergibt der Verkäufer Ihnen das Auto angemeldet, brauchen Sie keine weiteren Kosten einzuplanen. Sie überführen ja auf eigener Achse und melden das Fahrzeug am Heimatort auf sich um. Erwerben Sie einen abgemeldeten Porsche, gibt es zwei Möglichkeiten: Entweder Sie mieten sich einen Trailer (was natürlich nur dann geht, wenn Sie Zugriff auf ein mit Anhängerkupplung ausgerüstetes Zugfahrzeug haben) oder Sie beantragen eine Kurzzulassung (5-Tages-Kennzeichen). Dafür muss das Fahrzeug über eine gültige Hauptuntersu-

Erstbesitz, lückenlos dokumentiert, erstklassiger Zustand – da sollte man zugreifen.

Bestes Begutachtungswetter: Bei diesem Licht und im Trockenen lässt sich der Wagen gut untersuchen.

chung verfügen. Die Unterlagen bekommen Sie entweder von Ihrer Versicherung oder in der Zulassungsstelle. Bleibt als Alternative der Transport auf einem Trailer. Ein Anhänger kostet in der Regel nicht mehr als um 50 € pro Tag (Kaution einplanen!).

Besichtigung – wann und wo?

Auf jeden Fall bei Tageslicht und zumindest bei trockenem Wetter. So erkennen Sie optische (Lackschäden, Dellen) und technische (Öl- respektive Flüssigkeitsverlust) Mängel besser. Sollte eine Grube oder Hebebühne vorhanden sein, nutzen Sie unbedingt die Möglichkeit, den Unterboden des Kaufobjekts zu inspizieren.

Was ist der Grund für den Verkauf?

Lobt ein Verkäufer sein Auto in den höchsten Tönen, hat aber keine plausible Antwort auf die Frage, weshalb er es dennoch veräußern möchte? Dann sollten die Alarmglocken läuten! Versuchen Sie herauszufinden, wie viele Vorbesitzer das Auto hatte und wie schnell die einander abwechselten. Da ist es hilfreich, wenn der alte Fahrzeugbrief noch vorhanden ist. Es ist normal, dass ein rund 20 Jahre altes Fahrzeug in seinem Leben zwei oder drei Besitzer hatte. Sind es aber deutlich mehr und haben diese den Wagen immer nur wenige Monate lang besessen, hat das immer Gründe!

Allgemeiner Zustand

Auch da können Sie dem Verkäufer auf den Zahn fühlen: Kann er Ihnen Angaben machen, die über den Anzeigentext hinausgehen? Hat er Reparaturbelege und Rechnungen, eventuell Fotos? Je plausibler und umfangreicher Antworten und Unterlagen sind, desto besser. An dieser Stelle nochmals die gut gemeinte Wiederholung: Lückenlos dokumentierte Instandsetzungen, vor allem am Antrieb, entscheiden beim Boxster über „bleiben" oder „gehen"!

Original oder getunt?

Das ist zunächst Geschmackssache. Zeitgenössisch „aufgebrezelte" Karossen können ihren Reiz haben. Fahrzeuge in gepflegtem Originalzustand sind in jedem Fall begehrter und meistens teurer. Ausnahmen bestätigen aber die Regel: Ein von renommierten Tunern wie RUF oder Gemballa bearbeitetes Fahrzeug ist auf höchstem handwerklichen Niveau veredelt, nur in recht geringen Stückzahlen verfügbar und damit durchaus reizvoll. Von Bastelbuden der Marke „superlaut, supertief und mit supergroßen Rädern" sollte man indes die Finger lassen.

Stimmen die Fahrzeugdaten?
Fragen Sie den Verkäufer unbedingt, ob der angebotene Porsche frei von Ansprüchen Dritter ist (etwa einer Bank). Anhand der Fahrgestellnummer können Sie im Zweifel bei der Zulassungsstelle nachfragen, ob das Fahrzeug als gestohlen gemeldet wurde.

Die Sache mit dem Sprit (Betrieb mit E 10)
Alle Motoren ab Marktstart der Modellreihe haben eine Herstellerfreigabe für den Betrieb mit Kraftstoff E 10.

Versicherung
Ein Boxster ist kein exklusives Fahrzeug, allerdings werden Cabriolets und Roadster erfahrungsgemäß immer etwas höher versichert. Hinzu kommt, dass ein Porsche Boxster der ersten Generation auch (noch) nicht sehr teuer ist und somit einige in die Hände jugendlicher Heißsporne geraten sind. Fragen Sie Ihre Versicherung auch danach, ob Sie den Typ 986 bereits als Klassiker („Newtimer") anerkennt, dafür kann es dann spezielle Tarife geben.

Wie kann ich bezahlen?
Privatgeschäfte sind meist Bargeschäfte, bei einem Händler können Sie den Kaufpreis in der Regel auch überweisen. Ein seriöser Kaufmann sollte sich darauf einlassen. Bestehen Sie in jedem Fall auf einen ordentlichen Kaufvertrag!

Kaufen auf einer Versteigerung?
Wenn Sie sich mit dem Gedanken tragen, Ihr Fahrzeug in einer Auktion zu ersteigern, lesen Sie unbedingt Kapitel 10! Bedenken Sie, dass Sie bei einer Auktion oft nur begrenzte Zeit zur Besichtigung haben, Probefahrten sind meist nicht möglich. Außerdem wird in der Regel ein so genanntes Aufgeld berechnet, das zum eigentlichen Kaufpreis hinzukommt. Und: Kaufen Sie nicht blind im Internet! Eine gewonnene Ebay-Auktion ohne vorherige Besichtigung des Objekts kann im Desaster enden.

Professionelle Überprüfung des Fahrzeugs
Wenn Ihnen das Fachwissen fehlt, den Zustand eines Fahrzeugs realistisch einzuschätzen, nehmen Sie zur Besichtigung einen Kenner mit. Alternativ können Sie mit dem Verkäufer vereinbaren, dass Sie das Fahrzeug in einer Kfz-Werkstatt oder bei einer Prüforganisation (TÜV, Dekra, GTÜ etc.) zum Gebrauchtwagen-Check vorführen dürfen. Hat der Verkäufer nichts zu verbergen, sollte er Ihnen das nicht verweigern.

Der Blick von schräg hinten oder vorn offenbart Beulen und weitere Unregelmäßigkeiten. Hier ist alles bestens.

6 Inspektionsausrüstung

- **Dieses Buch**
- **Lesebrille (falls Sie eine benötigen)**
- **Magnet (ein schwacher reicht aus)**
- **Taschenlampe**
- **Kleiner Schraubendreher**
- **Mechanikeroverall**
- **Spiegel mit verlängerter Halterung**
- **Digitalkamera**
- **Ein Freund, möglichst einer mit Fachwissen**

Bevor Sie die Probefahrt machen, sollten Sie ein paar Dinge einstecken. Haben Sie keine Scheu, den Wagen wirklich gründlich zu untersuchen. Der Verkäufer soll sehen, dass Sie vorbereitet sind. Das vielleicht wichtigste Hilfsmittel ist dieses Buch. Vergessen Sie nicht Ihre Lesebrille, sofern Sie eine benötigen.

Ein Magnet entlarvt Blender, deren Karosserie viel Spachtel trägt. Nur wo blankes Blech unterm Lack liegt, bleibt der Magnet haften. (Vorsicht! Nicht den Lack zerkratzen!) Zunächst sollten Sie den Verkäufer nach Reparaturen fragen. Eine dünne Schicht Füllspachtel gehört zu den meisten Karosseriereparaturen, auch zu professionellen. Das Fahrzeug sollte aber nur kleinflächige Spachtelungen aufweisen. Große Schäden behebt ein Profi mit neuen Blechen. Es spricht nichts gegen eine professionelle Restaurierung. Allerdings sollte der Verkäufer mit offenen Karten spielen und nichts verheimlichen.

Eine Taschenlampe bringt Licht in dunkle Ecken, und davon gibt's eine Menge, etwa Radhäuser, Motorraum und der Raum unter dem Armaturenbrett. Testen Sie mit einem kleinen Schraubendreher – vorsichtig! – verdächtig aussehende Bereiche des Unterbodens und der Radhäuser. Auf diese Weise lassen sich unter dem Unterbodenschutz verborgene Durchrostungen finden. Will der Verkäufer Sie davon abhalten, sollten Sie die Besichtigung abbrechen. Der Prüfer bei der nächsten HU wird später genau auf diese Weise kontrollieren.

Wenn keine Möglichkeit besteht, das Auto auf eine Hebebühne zu fahren, sollten Sie vorbereitet sein, sich auf den Boden zu legen. Nehmen Sie einen Overall mit, den Sie über die Kleidung ziehen können. Auch ein Spiegel auf einer Teleskopstange oder am Ende eines Stocks ist hilfreich. Mit seiner Hilfe können Sie unter dem Auto und im Motorraum kontrollieren, was sich dem Blick sonst entzieht.

Fotografieren Sie Stellen, bei denen Sie sich nicht sicher sind. So können Sie später in Büchern und bei Experten Rat einholen. Überhaupt ist es ratsam, einen kompetenten Begleiter zur Probefahrt mitzunehmen. Eine zweite Meinung – und ein objektiver, weil nicht von Begehren getrübter zusätzlicher Blick – sind beim Autokauf nie schädlich.

7 15-Minuten-Prüfung

An solchen Karosserieübergängen sieht man immer sehr schnell, ob der Stoßfänger mal arbeiten musste – hier fluchtet alles perfekt.

Die Türen des Boxster sind lang und schwer – achten Sie auf knackende Türfangbänder.

Auch hier treffen diverse Karosserieelemente aufeinander. Wurden sie einmal gestaucht, verraten das die Spalte. Hier ist alles okay.

Innerhalb einer Viertelstunde werden Sie zwar kaum beurteilen können, ob der blecherne Kandidat tatsächlich der lange gesuchte Freund fürs Leben ist. Die folgende Checkliste gibt Ihnen aber einige Anhaltspunkte, ob sich die intensivere Beschäftigung mit dem Objekt der Begierde lohnt. Manche Mängel erkennen weder der ehrlichste Verkäufer noch der pfiffigste Interessent, manche Fehler entwickeln sich schleichend. Sie tun in jedem Fall gut daran, zunächst nicht von einem perfekten Zustand auszugehen. Wenn das Auto mit diesen Worten angepriesen wird, gleich gar nicht.

Optik/Karosserie

Es sollte selbstverständlich sein, dass die Besichtigung eines Fahrzeuges bei mindestens trockenem, besser sonnigem Wetter stattfindet. Nur so erkennen Sie rasch, ob Nach- oder Neulackierungen stattgefunden haben. Farbunterschiede zwischen Türen, Kotflügeln und Hauben – und seien es nur Nuancen – hat es ab Werk nicht gegeben! Auch schiefe oder weit klaffende Spalten nicht.

Abschürfungen am Kunststoff der Stoßfänger und Schürzen können durchaus als „Kampfspuren" eines Alltagsfahrzeuges durchgehen. Sind die Anbauteile jedoch gerissen, gebrochen oder auffällig verformt, sollte man der Sache auf den Grund gehen. Möglicherweise steckt der eigentliche – und weitaus größere – Schaden dahinter.

Als nächstes geht es auf die Suche nach Rost. Handelt es sich bei dem Objekt der Begierde um ein gepflegtes und vor allem unfallfreies Exemplar, sollten Sie in dieser Hinsicht nicht fündig werden – der Boxster wurde ab Werk vollverzinkt. Zeigen sich doch Bläschen oder sonstige Korrosionsansätze, mag das daran liegen, dass die recht dünne Zinkschicht beschädigt wurde oder aber nicht mehr vorhanden ist. Fragen Sie dann unbedingt, weshalb Karosseriearbeiten nötig waren! Knackt es vernehmlich beim Öffnen und Schließen der Türen, sind meistens die Türfangbänder fertig.

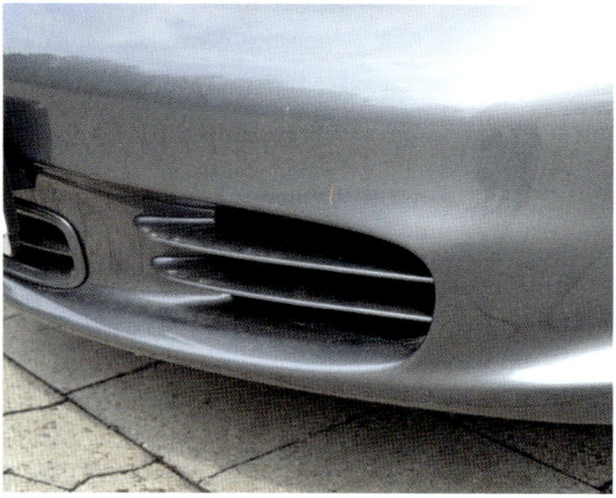 

Der vordere Stoßfänger hängt recht tief, Aufsetzer kommen vor. Hinter der Atemöffnung sitzt einer der beiden Kühler (l.). Kanten wie an der vorderen Kofferklappe (r.) sind potenzielle Rostnester.

Eine Reparatur, die gerne mal aufgeschoben wird. Allzu lange sollte man damit aber nicht warten, irgendwann blockiert die Tür und lässt sich nicht mehr schließen.

Verdeck

Das Stoffverdeck gab es ausschließlich mit elektrischem Antrieb, der natürlich funktionieren sollte. Ungleichmäßiges Öffnen und Schließen (Schiefziehen links/rechts) des Verdecks kündigt einen Defekt des Verdeckgetriebes an. Die Heckscheibe früher Modelljahre reißt oft aufgrund unsachgemäßer Bedienung beim Öffnen (ein treffsicherer „Handkantenschlag" verlängert die Lebensdauer der Scheibe erheblich). Ersatz durch eine Glasscheibe ist möglich. Der Verdeckstoff selbst sollte unbeschädigt sein, originaler Ersatz kommt teuer.

Innenraum

Stoff-, aber auch Ledersitzen ist nach 20 Jahren anzusehen, ob sie gepflegt wurden oder nicht. Rissiges und trockenes Leder deutet auf Letzteres hin, lässt sich allerdings retten. Auch farbiges Leder ist für Spezialisten kein Problem. Sind der Lenkradkranz, die Pedale, der

Durch den Fensterspalt (o.l.) dringt gern Wasser ein, die Kunststoffscheibe (o. M.) sieht indes noch sehr gut aus und ist dicht. Der Verdeckstoff ist teuer. Unbedingt die Funktion testen – der komplexe Faltvorgang muss verzögerungsfrei und ohne schiefziehen vonstatten gehen.

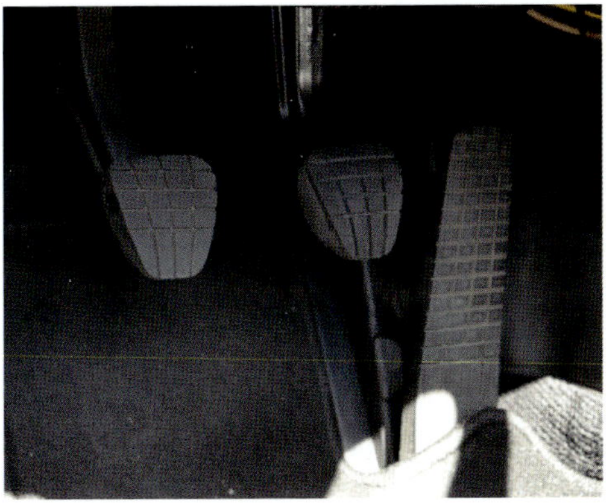

Ehrliche Abnutzung nach 21 Jahren, hier ist nichts geschönt.

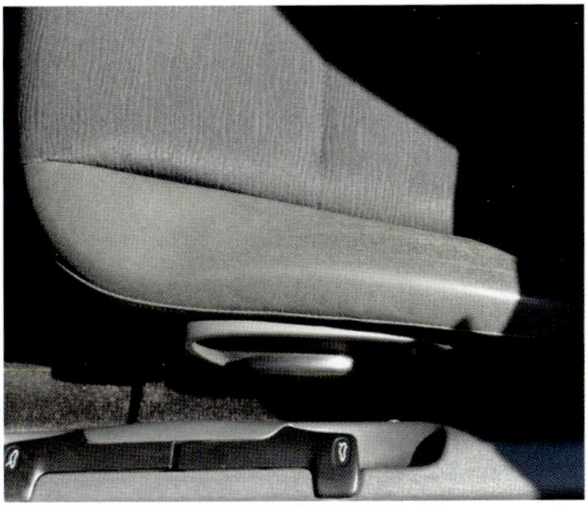

Das Leder leidet an den Sitzwangen, vor allem an der Fahrerseite. Das ist aber auch eine Frage der Pflege.

Schaltknauf oder diverse Tasten und Schalter abgegriffen, abgewetzt und speckig, werden Zweifel an angeblich kleiner Laufleistung berechtigt sein.
Testen Sie auch, ob alle elektrischen Helferlein (Sitzverstellung, Spiegelverstellung, Fensterheber, Innenraumlicht, Armaturenbeleuchtung, Info- und Entertainmentsystem etc.) funktionstüchtig sind. In einzelnen Fällen wird von gerissenen Armaturentafeln berichtet, die Materialqualität des verwendeten Kunststoffes war anfangs so bescheiden wie er aussah. Porsche liefert Ersatz, der allerdings ordentlich ins Geld geht. Eventuell lohnt auch da der Gang zum Spezialisten, etwa zu einem Aufbereiter, der Kunststoffreparaturen anbietet.
Bei einem Automobil mit einem so großen Anteil an Bordelektrik kann es möglich sein, dass sich findige Vorbesitzer softwareseitig Funktionen haben freischalten lassen, die für das Fahrzeug ab Werk nicht vorgesehen waren. Das betrifft sehr häufig das Info-/Entertainmentsystem PCM in allen Baujahren, aber auch andere Funktionen. Versuchen Sie herauszufinden, in welcher Konfiguration das Auto ursprünglich ausgeliefert wurde.

Das knackige Schaltgetriebe arbeitet in der Regel problemlos.

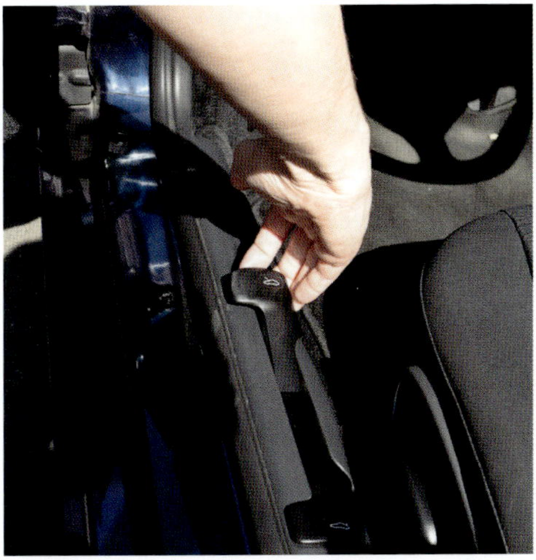

Achten Sie darauf, dass sich die beiden Kofferraumhauben einwandfrei entriegeln lassen.

Technik

Das Problem mit dem Lager der Zwischenwelle, das im schlimmsten Fall zu einem kapitalen Motorschaden führt, ist in Kapitel 2 bereits erwähnt worden. Ärger kann auch ein undichter Kurbelwellen-Simmerring bereiten, wobei der Arbeitslohn für seinen Austausch wesentlich über seinem Materialwert liegt, je nach Werkstatt können da bis zu 1000 € auf der Rechnung stehen.

Produziert der Motor Fehlzündungen, können defekte Zündspulen die Ursache sein. Versierte Selbermacher können diese allerdings selbst tauschen, eine Wissenschaft ist das nicht. Von vereinzelten Fahrzeugen ist bekannt, dass sie Lambdasonden „fressen", manchmal spinnt allerdings auch nur die Motorkontrollleuchte (MKL), die diesen Fehler anzeigt (nachdem über die OBD-II-Schnittstelle der Fehlercode ausgelesen wurde). Es gibt Werkstätten, die pragmatisch dazu raten, damit zu leben.

Defekte Luftmassenmesser führen ebenfalls zu einem Aufleuchten der MKL, machen sich aber auch durch einen unrunden und meist deutlich zu hohen Leerlauf bemerkbar, weshalb hier die Ursache eindeutiger auszumachen ist. Aufgrund eines bei Porsche bekannten Konstruktionsfehlers kann ein Austausch des Zweimassenschwungrads zwischen Motor und Getriebe erforderlich oder im Idealfall erledigt sein.

Bei sportlich gefahrenen Exemplaren verschleißt die Kupplung recht früh, seltener fällt das

Die Stoßdämpfer halten in der Regel etwa 100.000 Kilometer. Quietscht die Hinterachse, müssen die Schubstangen getauscht werden.

Die Auspuffanlage besteht bei allen Motorisierungen und in allen Baujahren aus Edelstahl. Doppelrohr trägt der Boxster S.

Schaltgetriebe durch Defekte auf. Im Schnitt alle 100.000 Kilometer sollte man dem Boxster neue Stoßdämpfer gönnen, länger halten die Originalteile selten. Außerdem gelten die Schubstangen an der Hinterachse als verschleißfreudig, was man indes hört – die Hinterachse beginnt dann zu quietschen. Schlagende Geräusche beim Lastwechsel kündigen schlappe Motorlager an. Versprödete Kühlmittel-Ausgleichsbehälter werden undicht, dem Wasserverlust sollte man dann rasch zu Leibe rücken.
Bei einem sportlichen Roadster – insbesondere bei einem Porsche, der ja auch oft ambitioniert bewegt wird – sollte klar sein, dass man sich die Bremsanlage sehr genau anschaut, und da nicht nur Scheiben und Beläge, sondern auch Schläuche und Leitungen. Ob der bereits ab Werk recht tiefe Boxster unangenehmen Bodenkontakt hatte, der eventuell den Unterbodenschutz oder die Auspuffanlage beschädigt hat, erkennt man nur auf respektive unter einer Hebebühne.

Checkpunkt Cockpit: Nach dem Start des Motors sollten alle Kontrolllampen erlöschen.

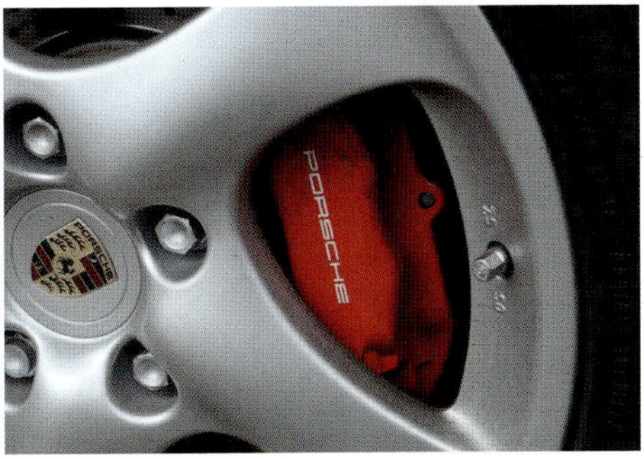

Die Bremsleistung ist ohne Tadel – solange Scheiben und Beläge frisch sind.

Fazit

Vermutlich haben Sie für all diese Punkte doch länger gebraucht als 15 Minuten. Aber es handelt sich um gut investierte Zeit, die im Zweifel bares Geld spart.

8 Problemstellen

Einige der neuralgischen Punkte, die für die Zustands-Beurteilung entscheidend sind, wurden bereits im vorangehenden Kapitel erwähnt. Hier sind die wichtigsten Problemstellen noch einmal zusammengefasst.

Karosserie allgemein

Gibt es Hinweise auf Unfallschäden? Farbabweichungen, unterschiedliche Spaltmaße? Rosten kann der ab Werk vollzerzinkte Boxster im Prinzip nur an Stellen, an denen die Zinkschicht beschädigt wurde. Routinemäßig sollte man dennoch Türunterkanten, Haubenkanten und Radläufe einer Sicht- und Tastkontrolle unterziehen. Nehmen Sie zur Besichtigung einen keinen Magneten mit. Dort, wo er nicht am Lack haftet, lauert Spachtelmasse.

Klappen, Türen, Einsätze – Übergänge und Spalten sollten gleichmäßig sein.

Front

Gibt es Steinschlagschäden an der Frontpartie? Ein Boxster wurde nicht selten sportlich bewegt, derlei Spuren können also nicht wirklich überraschen. Wie sehen Reflektoren und Streuscheiben der Scheinwerfer aus (durch Feuchtigkeit angelaufene Scheinwerfer oder milchig gewordene Scheiben kommen vor)?

Die Scheinwerfer des 97er Boxster (l.) wurden schon einmal getauscht, deshalb sind sie noch so klar. Beim Faceliftmodell (r.) wurde die Abdichtung der Leuchteinheiten verbessert.

Heck

Funktionieren die Kennzeichenleuchten? Ist der Kofferraum feucht oder riecht er muffig? Teppich im Gepäckabteil anheben: Gibt es darunter auffällige Schweißnähte?

Sieht gut aus, aber: Ist der Kofferraum trocken? Ist der Stoßfänger rissfrei? Sind die Heckleuchten dicht?

Verdeck

Kontrollieren Sie das Verdeck zunächst auf sichtbare Beschädigungen wie Schnitte oder Knickstellen. Es öffnet und schließt elektrisch, was es gleichmäßig und ohne auffällige Geräuschentwicklung tun sollte. Zieht es schief, kann es teuer werden.

Muss klappen: die Verdeckmechanik

Motorraum

Der Motor ist vor der Hinterachse eingebaut und von außen nur schwer zugänglich. Für Selbstschrauber eignet sich diese Einbaulage kaum. Um zumindest einen Teil sehen zu können, müssen Sie eine Kunststoffabdeckung an der Rückwand hinter den Sitzen lösen und entfernen. Die Behälter für Betriebsflüssigkeiten finden sich in den beiden Gepäckabteilen vorn (Bremsflüssigkeit) und hinten (Öl, Kühlwasser). Vertrackt: Im Grunde sehen Sie von oben jeweils nur die Einfüllstutzen, können also etwa den Kühlmittelstand nur schätzen.

Grund genug, ihn regelmäßig zu kontrollieren. Ist das Kühlwasser ölig, ist das ohnehin ein schlechtes Zeichen (Defekt einer Kopfdichtung). An die Batterie kommen Sie heran, indem Sie unter der geöffneten Fronthaube (praktisch unter der Windschutzscheibe) eine Abdeckung lösen. Den Kühler können Sie im Prinzip nur kontrollieren, wenn das Auto auf der Bühne steht, er ist vorn hinter der Frontmaske montiert und von oben nicht einsehbar. Auch Verbandkasten und Warndreieck sowie das Ersatzrad finden sich unter der vorderen Klappe.

Mitte drücken, Ring ziehen – lässt sich das Verdeck sauber entriegeln, ist das schon mal gut.

Der Ölpeilstab sowie die Einfüllstutzen für Öl und Kühlwasser finden sich im Kofferraum.

Batterie, Ersatzrad, Bordwerkzeug – viel mehr geht nicht rein ins vordere Ende.

Innenraum

Passt der Zustand des Innenraums zur genannten Laufleistung und zum Baujahr? Ist die Lederausstattung „trocken", rissig oder wirft Falten? Ist der Lenkradkranz „glatt"? Sind die Pedale abgetreten, ist der Schaltknauf abgegriffen? Sind Schalter- und Tastersymbole abgewetzt? Funktioniert die Beleuchtung der Armaturentafel? Sind Kontrollleuchten und Sonderfunktionen intakt? Finden sich Wasserflecken im Innen- oder im Fußraum?

Das Auto ist 14 Jahre alt, der Innenraum nahezu neuwertig. Achten Sie auf verdächtige (etwa muffige) Gerüche, Kratzer und Verschleiß und auf die Funktion der reichen Instrumentierung.

Unterboden

Prüfen Sie den Zustand aller Leitungen – Benzin, Bremsen, Hydraulik. Sind die Bremsschläuche porös? Die Stoßdämpfer intakt? Sind Abnutzung von Bremsscheiben und Belägen sowie Profilbild und Alter der Reifen noch tolerabel? Wie sehen Auspuffanlage und Katalysatorgehäuse aus? Generell verdient der Zustand des Unterbodens einen genauen Blick – verdächtig ist etwa ein frischer dicker Auftrag von Unterbodenschutz.

Durch diese Felge lässt sich die Bremsscheibe gut prüfen. Achten Sie auf übermäßige Riefenbildung und darauf, ob wegen Verschleißes am Rand bereits eine fühlbare Kante entstanden ist.

9 Realistische Bewertung

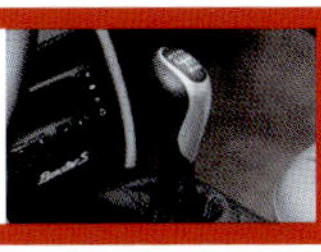

Vergeben Sie in den einzelnen Kategorien je nach Zustand die passende Punktzahl (1-4), während Sie den Wagen untersuchen. Dabei bedeuten:
++ (4 Punkte) perfekter Zustand
+ (3 Punkte) guter Zustand
0 (2 Punkte) restaurierungs- oder reparaturbedürftiger Zustand
– (1 Punkt) schwere Mängel
Die Auswertung der Gesamtpunktzahl wird am Ende des Kapitels erklärt. Seien Sie bei der Beurteilung realistisch und lassen Sie sich nicht von der ersten Euphorie blenden, wenn Sie einem vermeintlichen Top-Auto gegenüberstehen – ein kühler Kopf kauft selten Schrott! Nehmen Sie sich Zeit und untersuchen Sie das Fahrzeug gründlich. Hektik und Nachlässigkeit werden meist mit teuren Reparaturen bestraft! Tipp: Nehmen Sie einen Magneten mit, um Spachtelstellen ausfindig zu machen. Eine Taschenlampe, ein Profiltiefenmesser, ein Schraubendreher und ein kleiner Spiegel sind ebenfalls nützliche Helfer.

Äußerer Zustand/ Erster Eindruck

++	+	o	–
4	3	2	1

Zunächst sollten Sie die Fahrzeugbesichtigung ausschließlich bei trockenem Wetter vornehmen. Nässe und schlechtes Licht verfälschen den optischen Eindruck enorm. Wenn die Sonne scheint – noch besser! Umrunden Sie das Auto langsam und betrachten Sie es aus allen Perspektiven genau. Steht der Wagen gerade oder hängt er an einer Ecke oder Achse auffallend herab? Ist er innen und außen sauber und in originalem Zustand? Riecht der Innenraum unangenehm oder ist er vergilbt und verdreckt? Hören Sie ruhig auf Ihr Bauchgefühl, der erste Eindruck ist oft der Richtige.

Sehen Sie sich den Kandidaten erst gründlich von außen an (es muss ja nicht auf dem Furka sein, Sonne wäre aber gut): Stimmen die Spaltmaße, ist der Lack in Ordnung?

Farbkombinationen

++ + o –
[4] [3] [2] [1]

Die meisten Boxster sind silberfarben lackiert, anthrazitfarben, schwarz oder blau. Allerdings gab es ihn auch in Speedgelb, Ozeanjade und Zenithblau, was herrlich zeitgenössische Töne sind. Wenn Sie die Wahl zwischen gleich guten Autos haben, entscheidet am Ende der persönliche Geschmack.

Gegen den Einheitsbrei: Den Typ 986 gab es auf Wunsch sehr farbenfroh, und es steht ihm gut.

Lack

++ + o –
[4] [3] [2] [1]

Beim Lack eines inzwischen bis zu 22 Jahre alten Modells muss bei weitem nicht alles in Ordnung sein, was noch halbwegs glänzt. Auf der Suche nach Ihrem Traum-Boxster werden Ihnen schlampig ausgeführte Reparaturen und alte Unfallschäden oder nur notdürftig verdeckende „Verkaufsduschen" genauso begegnen wie ordentliche und rostfreie Ersthandfahrzeuge, bei denen noch nie eine Nachlackierung erforderlich war.
Je nachdem, an welchen Stellen Sie eventuell Blasenbildung entdecken, sollten Sie jemanden hinzuziehen, der sich mit Karosseriereparaturen auskennt und den Aufwand abschätzen kann. Schrammen und kleinere Macken können Sie unter Schönheitsfehler abhaken und bei Gelegenheit beheben oder beheben lassen.

Karosserie, vor allem Türen und Hauben

++ + o –
[4] [3] [2] [1]

Betrachten Sie die Karosserie als Ganzes und denken Sie daran: Ungleiche Spaltmaße sowie hängende Türen und Hauben gab es bei Porsche ab Werk nicht! Schlecht schließende Hauben und Türen sowie schiefe Passungen sollten daher stets Anlass für weitere Nachforschungen sein. Fast immer wird ein Unfallschaden die Ursache sein, was in jedem Fall Grund genug für einen deutlichen Preisnachlass ist.

Verkratzte Griffmulden (l.) sind nach Jahren der Benutzung normal. Dem Boxster S (r.) fehlen am Heck sämtliche Embleme. Wurde er nach Unfall neu lackiert?

Der Porsche Boxster war der erste in Serie gebaute Roadster mit Seitenairbags.

Bei Fahrzeugen, die viele Jahre im Autobahnbetrieb unterwegs waren, werden Steinschlagspuren an der Frontpartie vorhanden sein. Sind sie es nicht, könnte es sein, dass der Wagen neu lackiert wurde. Fragen Sie auch in diesem Fall nach dem Grund. Kratzer rund um Türschlösser und Griffe sind normal.

++	+	o	–
4	3	2	1

Unterboden

Wenn Ihnen bei der Besichtigung Grube oder Hebebühne zur Verfügung stehen, sollten Sie davon unbedingt Gebrauch machen! Halten Sie Schraubendreher, Taschenlampe und Spiegel bereit. Fallen Ihnen am Unterboden irgendwelche Ungereimtheiten auf – das können Schrammen von Aufsetzern sein – sollten Sie an dieser Stelle vorsichtig drücken oder mit dem Schraubendreher klopfen. Trauen Sie sich eine Beurteilung des Unterbodenzustands alleine nicht zu, sollten Sie zur Besichtigung unbedingt einen Experten mitnehmen.

Liegt untenherum etwas im Argen, können Reparaturen schnell den Zeitwert des Objektes übersteigen. Allerdings sollte Ihnen dies auch keine Angst einjagen: Der Porsche Boxster ist zum Zeitpunkt der Drucklegung dieses Ratgebers nicht durch schwerwiegende Rostschäden im Unterbau aufgefallen.

++	+	o	–
4	3	2	1

Dichtungen

Generell sollten Sie sich alle erreichbaren Dichtungen gut ansehen. Das gilt insbesondere natürlich für alle Dichtungen des Verdecks, die mit den

Dichtungen altern, sie schrumpfen dann und lassen Wasser durch.

Diese Dichtung am Windschutzscheibenrahmen will genau geprüft sein. Hier möchte niemand einen Wassereinbruch erleben.

Schwieriger Kühlercheck: Alles liegt schwer zugänglich hinter der Frontmaske.

Jahren ausgehärtet sein können. Es ist nie gut, wenn sich Feuchtigkeit im Verborgenen ausbreitet.

++ + o –

Kühlsystem

4 3 2 1

Achtung: Die 2,5- und 2,7-Liter-Motoren haben zwei Kühler (vorn rechts und vorn links), das 3,2-Liter-Aggregat drei (links, Mitte, rechts). Der Zugang zum Kühlsystem ist aufgrund der Einbaulage schwierig. Die Kühler selbst können Sie nur von unten richtig sehen (Hebebühne), oder wenn Sie die Frontmaske demontieren (lassen): In welchem Zustand sind die Lamellen? Sehen Sie auffällige Kühlmittelspuren – meist weißlich – auf den Lamellen oder an den Rändern? Welche Farbe hat das Kühlmittel? Ist es stark dunkel verfärbt? Riecht es ölig oder verbrannt? Ist ausreichend Kühlmittel im Ausgleichsbehälter (der findet sich im hinteren Gepäckabteil)?

++ + o –

Beleuchtung

4 3 2 1

Prüfen Sie die Funktion aller Leuchten einschließlich Scheinwerfer, Rückleuchten, Blinker, Brems- und Nebellampen. Oft sind sie bereits undicht, manchmal sind die Streuscheiben vergilbt. Auch die Kennzeichenleuchten sollten funktionieren, andernfalls notiert das der Prüfer in der Hauptuntersuchung als Mangel. Ist das Fahrzeug ab Werk mit Xenonscheinwer-

Dass die Beleuchtung rundum funktionieren sollte, ist klar. Kontrollieren Sie auch die Gläser auf Risse und Wassereinbrüche.

fern (bei Porsche „Litronic“ genannt) ausgerüstet, muss die vorgeschriebene Scheinwerferreinigungsanlage funktionieren! Sie ist mit der Scheiben-Wisch-Waschanlage gekoppelt und reinigt immer gleichzeitig mit dieser.

++ + o –

Scheibenwischer

4 3 2 1

Abgesehen vom Zustand der Wischergummis (Rissig? Hart?), die man im Zweifel schnell ersetzen kann, sollte man sich die Wischerarme selbst ansehen. Manchmal liegen sie nicht richtig an der Scheibe an und beginnen bei flotter Fahrt zu flattern und wischen dann nicht mehr korrekt. Grund ist häufig ein zu hoher Kraftaufwand beim Wechsel der Wischerblätter.

++ + o –

Scheiben-/Scheinwerferwaschanlage

4 3 2 1

Prüfen Sie Zustand und Funktion von Scheiben- und Scheinwerferwaschanlage. Letztere ist bei Fahrzeugen mit Xenonscheinwerfern vorgeschrieben.

++ + o –

Verdeck

4 3 2 1

Der originale Verdeckstoff – im Grunde langlebig und robust – ist im Defektfall sehr teuer, deshalb sollten Sie intensiv nach Schäden fahnden. Das elektrische Verdeck muss sich gleichmäßig öffnen und schließen lassen. Die Kunststoffscheibe früher Modelle ist oft milchig oder beschädigt. Sattler können sie durch eine Glasscheibe ersetzen.

++ + o –

Reifen und Felgen

4 3 2 1

Prüfen Sie zunächst – vor allem, wenn Exemplare aus dem Zubehör montiert sind – ob die Räder für das Modell zugelassen sind. Lassen Sie sich Unterlagen (ABE, TÜV-Eintragung) zeigen. Überprüfen Sie das Alter (DOT-Nummer) und die Profiltiefe sowie das Laufbild der Reifen. Sind sie ungleich abgefahren, kann eine Justierung der Achsgeometrie erforderlich sein. Sehen Sie sich den äußeren Rand der Felgen (Felgenhorn) an. Gibt es Beschädigungen, die von Bordsteinkanten herrühren können?

Die Wischerarme sind gern mal verbogen,weil jemand beim Gummiwechsel zu viel Kraft angewendet hat.

Bei Xenon-Scheinwerfern („Litronic“) Serie ist die Waschanlage.

Pluspunkt: Die Glasheckscheibe später Boxster ist robuster.

Schließt der Verdeckkasten nicht richtig, könnte ein defekter Antrieb der Grund sein.

Ist die Rad-Reifen-Kombination original, unbeschädigt und gehört sie auf das Auto? Porsche-Felge ist nicht gleich Porsche-Felge! Ungleich abgefahrene Reifen deuten auf verstellte Achsgeometrie hin.

Radlager/Antriebswellen/Traggelenke

++	+	o	–
4	3	2	1

Liegt dort ein Schaden vor, stellen Sie ihn spätestens auf der Probefahrt fest. Defekte Radlager, Antriebswellen oder Traggelenke machen lautstark auf sich aufmerksam. Mahlende, kreischende Geräusche insbesondere bei Kurvenfahrt kündigen das baldige Ende eines oder mehrerer Radlager an. Traggelenke ächzen und knarzen beim Einfedern des Vorderwagens erbärmlich. Reparaturen sollten nicht aufgeschoben werden.

Bremssättel und -klötze

++	+	o	–
4	3	2	1

Schlagen Sie zur Sichtprüfung der Bremsanlage die Vorderräder zu beiden Seiten hin ein. So bekommen Sie (relativ) freien Blick auf Bremssättel und Beläge. Die sollten eine Mindeststärke von 2 bis 3 Millimetern aufweisen, wobei dies dann bereits der so genannten Abfahrgrenze entspricht, sich ein baldiger Tausch also ankündigt.

Bremsscheiben

++	+	o	–
4	3	2	1

Einen vernünftigen Eindruck der Bremsscheiben bekommen Sie nur nach Demontage der Räder. Bei der ersten Begutachtung des Wunschfahrzeuges sollten Sie aber zumindest durch die Öffnungen der Felgen hindurch abtasten, ob sich die Bremsscheibe riefig oder wellig anfühlt. Fahren Sie mit den Fingerspitzen über den Rand der

Der Boxster ist ein Sportwagen. Die Bremsanlage (der Boxster S hat gelochte Scheiben) soll tipptopp in Schuss sein.

Gegen saftigen Aufpreis gab es Keramikbremsen, die für den Alltagsbetrieb unnötig sind. Die serienmäßige Bremsanlage (hier Boxster S mit gelochten Scheiben) verzögert sehr gut.

Bremsscheibe. Je besser Sie einen deutlich hochstehenden Rand ertasten können, desto näher liegt der Austauschtermin.

++ + o –

Handbremse

4 3 2 1

Markenübergreifend wird die Funktion der Handbremse recht häufig bemängelt. Vor allem bei Fahrzeugen mit Automatikgetriebe wird sie einfach zu selten genutzt. Simpler Trick: Es gibt sie, also nutzen Sie sie!

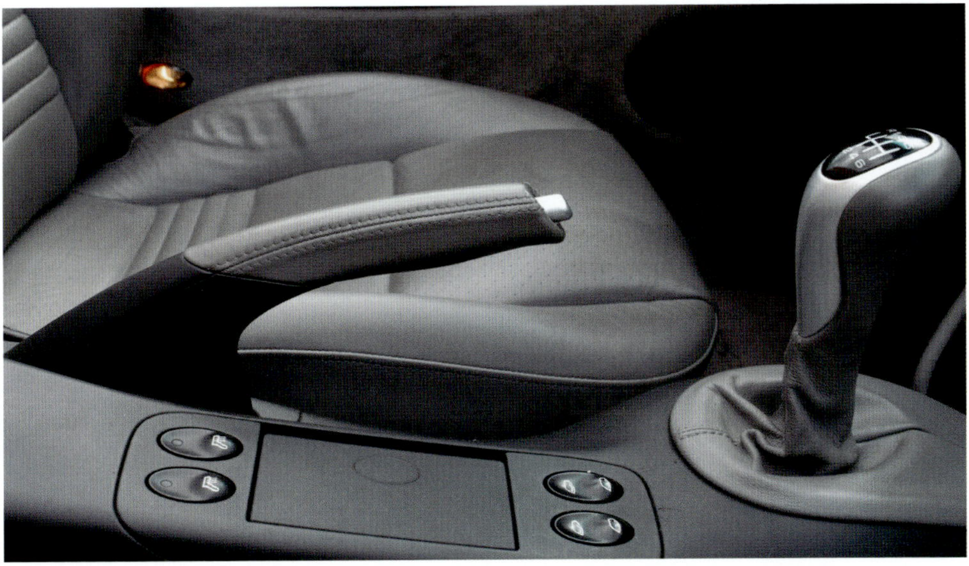

(Zu) selten genutzter Hebel: Bemängelt der TÜV die Leistung der Handbremse, ist sie wohl einfach zu selten angezogen worden.

Blick in den Motorraum

++ + o –
4 3 2 1

Der Mittelmotor ist erst nach Demontage diverser Verkleidungen sichtbar, leider kann man dann immer noch nicht alles sehen. Der Zustand der Keilriemen und der wichtigsten Nebenaggregate, der Grad der Verschmutzung oder Öllecks lassen sich aber ausmachen. Es gilt die Grundregel: Ein starker Verschmutzungsgrad mit eventuell eingetrockneten (oder gar frischen) Betriebsmittelrückständen ist nicht gut, eine auffällig blitzblanke Maschine kann jedoch genauso verdächtig sein, wenn es nicht gerade ein rundum Q-Tip-gepflegter Sammlerwagen ist.

Tankklappe und Kofferraum

++ + o –
4 3 2 1

Die Tankklappe wird über die Zentralverriegelung ver- und entriegelt. Sehen Sie nach, ob der werksseitig angebrachte Aufkleber mit Informationen zur Kraftstoffqualität und zum Reifenfülldruck vorhanden ist.
Welchen Eindruck macht der Kofferraum? Ist er sauber oder stark verschmutzt? Überprüfen Sie auch Zustand und Vollständigkeit des Bordwerkzeuges und des Verbandkastens, auch Ersatzrad und Warndreieck (beide befinden sich unter der vorderen Kofferraumklappe) sind einen Blick wert. Halten Sie außerdem Ausschau nach Anzeichen von Wassereinbruch (Flecken).

Fehlt der Aufkleber im Tankdeckel, kann das bedeuten, dass hier schon einmal lackiert wurde. Hirschtalg oder Melkfett helfen Dichtungen geschmeidig halten.

Batteriezustand

++ + o –
4 3 2 1

Um den Zustand der Batterie (ebenfalls unter der vorderen Klappe zu finden) zu überprüfen, benötigen Sie ein Multimeter. Im Leerlauf sollte es – an beide Batteriepole angeschlossen – einen Wert zwischen 13,8 und 14,2 Volt Gleichspannung anzeigen, bei abgestelltem Motor etwa 12,4 bis 12,6 Volt. Ist der Anzeigewert bei abgestelltem Motor deutlich niedriger als 12,4 oder gar 12 Volt, sollte die Batterie ausgetauscht werden.

Energieträger: Die Batterie sollte jung und frisch sein und vor allem vom richtigen Typ fürs Auto.

Wassereinbrüche

++ + o –
4 3 2 1

Überprüfen Sie den gesamten Innenraum (Teppiche, Sitze) auf Wasserflecken. Fühlen

Sie in allen Türtaschen nach Feuchtigkeit und heben Sie im Fußraum auch einmal den Bodenteppich an. Die „Saugprobe“ mit einem Taschentuch kann weiteren Aufschluss geben. Saugt es sich voll oder wird es klamm, besteht Handlungsbedarf.

14 Jahre, aber erst 46.000 Kilometer – ein solcher Zustand ist eher selten. Ob das Autotelefon noch funktioniert, hängt vom Mobilfunkstandard ab. Das aktuelle D-Netz etwa geht.

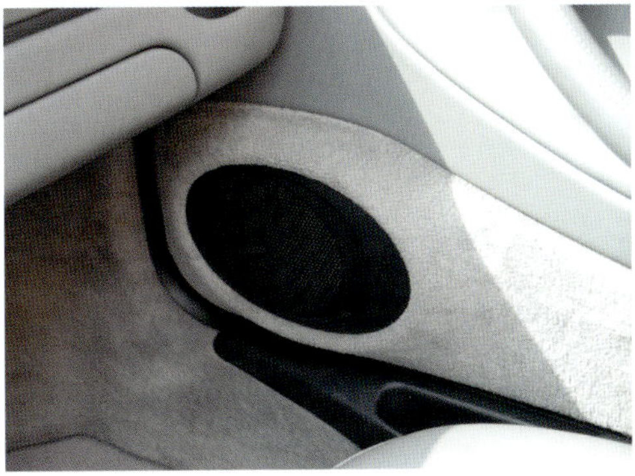

Heller Teppich (l.) ist anfällig für Schmutz, dieser hier ist neuwertig. Ein guter Indikator für langen Gebrauch ist auch der Zustand der Symbole auf Tasten und Schaltern. Diese sind noch nicht abgenutzt.

++ + o –
4 3 2 1

Innenraum

Da ist wieder ein ganzheitlicher Eindruck wichtig. In welchem Zustand befinden sich Sitze, Teppiche, Verkleidungen, Tasten, Knöpfe, Lenkrad, Schalthebel, Dachhimmel? Riecht es muffig? Ist alles original oder vom Vorbesitzer (oder den Vorbesitzern) partiell verändert worden (Lenkrad, Sitze, Audioanlage)?
Der Zustand der Sitzbezüge gibt Aufschluss über die Pflegebereitschaft der Vorbesitzer. Trocken oder rissig gewordenes Leder lässt sich in gewissen Grenzen „revitalisieren“ (siehe dazu auch „Praxishandbuch Cockpit & Interieur. Reparieren – Restaurieren – Pflegen, HEEL Verlag 2016). Überprüfen Sie den Verstellmechanismus der Sitze sowie alle Taster und Schalter auf Funktion. Funktioniert die Innenbeleuchtung, und schaltet sie sich auch wieder ab?

++ + o –
4 3 2 1

Lenkrad und Hupe

Macht das Lenkrad einen abgegriffenen, glatten oder speckigen Eindruck? Funktioniert die Hupe?

Hier gibt es viel zu prüfen: Alle Anzeigen, die Beleuchtung und natürlich alle Funktionen vom Blinker bis zum Wischer wollen gecheckt sein.

++	+	o	–
4	3	2	1

Instrumente

Die Instrumente des Porsche Boxster sind kaum für Probleme bekannt. Kontrollieren Sie dennoch, ob die Instrumentenbeleuchtung und auch die aller Taster und Schalter funktioniert.

++	+	o	–
4	3	2	1

Warnleuchten

Um zu wissen, über welche Warnleuchten die Instrumententafel des Porsche Boxster verfügt, ist es wichtig, über die Ausstattung des jeweiligen Fahrzeuges Bescheid zu wissen! Lesen Sie auch in der Betriebsanleitung nach, was die unterschiedlichen Warnleuchten und Symbole des Displays zu bedeuten haben. Schalten Sie die Zündung ein, ohne den Motor anzulassen, dann leuchten alle relevanten Lampen auf oder sollten es tun. Hin und wieder führt das Aufleuchten der Motorkontrollleuchte (MKL) zu Irritationen. Lassen Sie in diesem Fall den Fehlerspeicher auslesen.

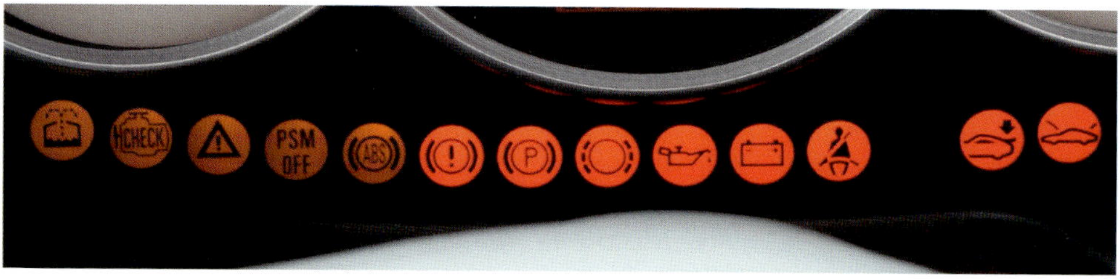

Die zweite Leuchte von links ist die Motorkontrollleuchte. Geht sie nach dem Anlassen nicht aus, kann dies verschiedene Gründe haben, die Sie abklären sollten.

Radaufhängung

++ + o –
4 3 2 1

Die Radaufhängungen gelten prinzipiell als robust. Vorsicht ist geboten, wenn ein Fahrzeug verändert, also etwa tiefergelegt oder mit extrem breiter Bereifung versehen wurde. Wenn Sie den Kauf eines solchen Autos in Erwägung ziehen, sollten Sie die Radaufhängungen in einer Werkstatt überprüfen lassen.

Auspuff

++ + o –
4 3 2 1

Klar: Undichtigkeiten an der Auspuffanlage sieht und hört man. Wurden Veränderungen vorgenommen (Sportauspuffanlage), sollte man sich vergewissern, dass der Umbau eingetragen ist und korrekt vorgenommen wurde. Lassen Sie sich die Unterlagen zeigen.

Ölaustritte

++ + o –
4 3 2 1

Ob ein Auto öldicht ist, kontrollieren Sie am besten nach der Probefahrt. Stellen Sie das betriebswarme Fahrzeug auf ebenem Grund ab und legen Sie für eine Weile ein Stück Pappe unter den Motor. Da sollte nichts tropfen. Ansonsten sehen Sie sich den Motor genau an.

Kühlwasserverlust

++ + o –
4 3 2 1

Schauen Sie vorn unter das Auto, ob Kühlwasser austritt. Helle Flecken an den äußeren Teilen des Kühlsystemes (Schläuche, Schlauchschellen) können auf frühere Undichtigkeiten hinweisen.

Zustand aller Flüssigkeiten

++ + o –
4 3 2 1

Bewerten Sie den Zustand und das Alter aller Flüssigkeiten anhand idealerweise vorliegender Wartungsunterlagen oder entsprechender Zettel im Motorraum. Sollte eines der Betriebsmittel auffallend dunkel sein – mit Ausnahme des Mo-

Das Fahrwerk des Typs 986 ist generell unauffällig.

Mancher Boxster wurde mit Abgasanlagen aus dem Zubehör „verschlimmbessert“. Sie sollten zumindest korrekt montiert und zugelassen sein.

Es kommt vor, dass ein 986 sein Revier markiert. Einige dieser Öltropfen sind frisch, der Ursache sollte man auf den Grund gehen.

toröls – gehört es mit Sicherheit ausgetauscht. „Schwarzes“ Kühlmittel oder stark verfärbte Bremsflüssigkeit sind nicht normal!

Ölverlust aus der Kraftübertragung

++ + o –
4 3 2 1

Auch Getriebe und Differenzial können undicht werden. Achten Sie nach der Probefahrt auf frische feuchte Stellen.

Probefahrt

++ + o –
4 3 2 1

Eine ausgiebige Probefahrt sollten Sie sich nicht ausreden lassen! Es gibt Händler, aber auch Privatleute („Bei dem ist doch alles in Ordnung“ – „Sie dürfen ihn fahren, wenn Sie ihn danach kaufen“), die das mit dubiosen Ausreden verhindern oder Sie unter Zeitdruck setzen wollen. Fahren Sie das Auto möglichst abwechslungsreich durch die Stadt, über eine Landstraße und ein Stück Autobahn. Probieren Sie alle Funktionen aus, schalten Sie das Getriebe durch, bremsen Sie auch einmal stärker. Und vor allem: Setzen Sie auf Ihre Sinne! Hören Sie genau zu, ob Ihnen etwas verdächtig scheint. Riechen Sie, ob etwas ungewöhnlich ist. Schauen Sie auf Anzeigen und Kontrollleuchten. Vertrauen Sie Ihrem „Popometer“ – wie liegt der Wagen, wie fühlt er sich an?

Wer es ganz genau wissen will

++ + o –
4 3 2 1

Ein Vorbesitzer, der von seinem Fahrzeug überzeugt ist, wird sicher nichts dagegen haben, wenn Sie das Auto von einem unabhängigen Gutachter überprüfen lassen wollen. Viele Werkstätten, Automobilclubs und Prüforganisationen bieten einen Gebrauchtwagen-Check an. Natürlich gibt es den nicht kostenlos, und der Verkäufer wird die Kosten kaum übernehmen wollen. Sie sollten sich also relativ sicher sein, dass es sich bei dem besichtigten Exemplar um „Ihr“ nächstes Auto handelt. Unterm Strich ist solch ein professionelles Urteil für beide Seiten ein Gewinn.

So etwas sehen wir gern: den Inspektionsaufkleber der betreuenden Werkstatt mit erfreulich jungen Daten.

Nach der Sichtprüfung geht es auf die hoffentlich ausgiebige Probefahrt über alle Sorten von Straße.

Auswertung

Addieren Sie nun alle Punkte

124 Punkte =	Hervorragend, dieses Fahrzeug garantiert Wertzuwachs
93 bis 123 Punkte =	Gut bis sehr gut, dieses Fahrzeug können Sie bedenkenlos kaufen
62 bis 92 Punkte =	Durchschnitt bis gut, aber wo liegen die gefundenen Probleme?
31 bis 61 Punkte =	Unterdurchschnittlich bis mittelmäßig. Überlegen Sie sich den Kauf gut.
30 Punkte und weniger =	Hier sind einige Investitionen erforderlich. Wenn der Preis besonders günstig ist und Sie handwerkliche Fähigkeiten besitzen, können Sie es wagen. Sonst lieber nicht.

10 Papiere für eine vollständige Dokumentation

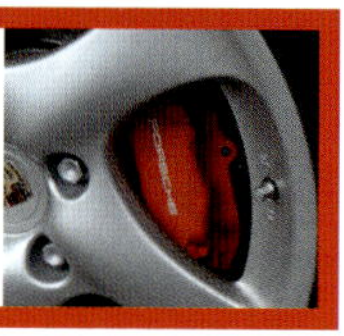

Zulassung

Alle Länder verfügen über ein Registrierungssystem für Automobile. In Deutschland etwa ist das der Kraftfahrzeugbrief und in den USA der so genannte „Pink Slip“.
Grundsätzlich ist es wichtig, dass alle Unterlagen im Original vorliegen und vollständig sind, dass sie sich auf den in Frage kommenden Wagen beziehen und dass alle Details wie Motor- und Fahrgestellnummern korrekt angegeben sind.
Alle früheren Besitzer sind ausschließlich im Kraftfahrzeugbrief aufgeführt. Daher sollte man sich nicht mit dem Kfz-Schein oder der Zulassungsbescheinigung Teil II begnügen, in der ja nur der aktuelle Besitzer und der letzte Vorbesitzer angegeben sind.
Vergleichen Sie alle Angaben im Brief mit dem Typenschild, das im Fahrzeug montiert ist. Besitzt der Wagen eine ausländische Zulassung, sollte man sich vorab bei den entsprechenden Stellen wie dem Zoll informieren, welche Formalitäten bei der Einführung des Wagens zu erledigen sind.

Hauptuntersuchung

Auch angehende Klassiker und Liebhaberfahrzeuge wie der Porsche Boxster entgehen der Hauptuntersuchung nicht. Bei der Besichtigung spielen die letzten HU-Berichte eine entscheidende Rolle bei der Beurteilung des Objektes der Begierde. Also sollte man sich diese Unterlagen unbedingt zeigen lassen und bei Bedarf darauf bestehen, dass die von den Prüfern verlangten Reparaturen durch entsprechende Rechnungen dokumentiert werden.
Auch wenn der Wagen nicht mehr zugelassen ist, sollte man nicht darauf verzichten. So offenbaren sich mitunter schon vor der ersten genaueren Besichtigung mögliche gravierende Schwachpunkte. Sind diese Unterlagen nicht vorhanden, ist es immerhin möglich, dass der Verkäufer etwas zu verbergen hat.

Anmeldung

Ist das Fahrzeug noch zugelassen, ist die Ummeldung relativ unproblematisch. Wer viel Zeit, Geduld und Lust auf Bürokratie hat, kann selbst zum Straßenverkehrsamt fahren und dort seinen Wagen ummelden. Dazu benötigt man Kraftfahrzeugbrief und -schein respektive die Zulassungsbescheinigung Teil I und II, die elektronische Versicherungsbestätigung (eVB), HU-/AU-Unterlagen, Personalausweis und Bargeld (oder EC-Karte) für die fälligen Gebühren und die neuen Kennzeichen. Hat man sich die Kennzeichen besorgt und montiert, steht der weiteren Fahrt nichts mehr im Weg.
Besitzt der Wagen keine Zulassung mehr, interessiert sich zunächst der TÜV für das Fahrzeug. Je nach Herkunft und Dauer der Abmeldung kann er auf einer Einzelabnahme bestehen, für die eine ausführliche technische Dokumentation erforderlich ist. Ist diese Hürde genommen, begibt man sich zur Zulassungsstelle. Wer Zeit sparen will, kann auch Dienstleister in Anspruch nehmen, die gegen eine Gebühr die Zulassung organisieren.

Bewertung

Mitunter hat der Verkäufer ein Wertgutachten von einer anerkannten Organisation wie Classic Data, DEKRA oder DAT anfertigen lassen, aus dem der Wert – oft unterteilt zwischen Markt- und Wiederbeschaffungswert – des Modells hervorgeht. Im Allgemeinen stellen solche Dokumente allerdings lediglich eine unverbindliche Richtgröße für den tatsächlichen Preis dar. Der Wiederbeschaffungswert interessiert primär die Versicherung.

Service-Historie

Ein vergleichweise junges Fahrzeug wie der Boxster wird vermutlich überwiegend in der Vertragswerkstatt oder von freien Betrieben gewartet worden sein. Selbermachen kann man an einem solchen Auto ohnehin praktisch nichts mehr. Man sollte so viele Details der Service-Historie wie möglich in Erfahrung bringen. Dabei kommt den Bescheinigungen und Rechnungen von Markenhändlern oder Fachbetrieben besonders große Bedeutung zu.

Tatsächlich sind alle Papiere bei der Dokumentation wichtig: Vom ersten Kaufvertrag bis zum Wartungsheft bekommt man so Antworten auf wichtige Fragen zur Geschichte des Fahrzeugs. Besonders ein Katalog des Modells aus dem entsprechenden Baujahr ist eine wichtige Informationsquelle. Wenn der Verkäufer erklärt, den Service selbst vorgenommen zu haben, sollte man fragen, wann die Arbeiten ausgeführt wurden, und nach entsprechenden Hinweisen suchen. Im besten Fall deckt sich Ihre Einschätzung des Gesamtzustands mit den Angaben des Verkäufers.

11 Auktionen – ein anderer Weg zum Traumwagen

Pro und Kontra

Pro: Die Preise sind im Allgemeinen niedriger als bei Händlern oder privaten Verkäufern und man kann möglicherweise ein echtes Schnäppchen machen. Professionelle Versteigerer haben zumeist alle Formalitäten mit dem Verkäufer erledigt.

Kontra: Man muss allein der Beschreibung im Katalog vertrauen. Die Möglichkeiten zur Überprüfung sind begrenzt und eine Probefahrt ist nicht möglich. Auktionsmodelle sind oft in einem unterdurchschnittlichen Zustand und verlangen nach zusätzlichen Reparaturen.

Welche Auktion?

Die Veranstaltungen der etablierten Auktionshäuser werden in Automobilmagazinen oder auf den Internetseiten der Unternehmen angekündigt. Der Katalog oder eine einfache Aufstellung der zum Aufruf kommenden Modelle ist erst kurz vor der Auktion erhältlich. Allerdings veröffentlichen die Unternehmen ihre Angebote auch schon früher auf ihren Internetseiten. Nehmen Sie Kontakt mit dem Auktionshaus auf, um die Ausrufpreise zu erfahren. Details der bereits gelaufenen Auktionen sind zumeist im Netz zu erfahren und ein guter Indikator.

Katalog, Eintrittsgelder und Zahlungsmodalitäten

Der Katalog fungiert oftmals auch als Eintrittskarte für zwei Personen während der Besichtigungstage und für die Auktion selbst. Die Angaben in den Katalogen sind zumeist kurz und knapp, enthalten aber in der Regel Angaben über die Zahl der Besitzer, den Kilometerstand und die Wartungsgeschichte des Wagens. Der angegebene Ausrufpreis gibt eine erste Andeutung, in welchen Kategorien man sich bewegt, und gleichzeitig werden im Katalog auch die verschiedenen Zahlungsformen sowie das verlangte Aufgeld angegeben. In der Regel verlangt der Auktionator Barzahlung, es sind aber auch andere Modalitäten wie Zahlung mit Kreditkarte oder mittels eines von der Bank bestätigten Schecks möglich. Kein Fahrzeug wird herausgegeben, bevor nicht alle Zahlungsmodalitäten geklärt sind. Bei Verzögerungen kann der Auktionator Lagergebühren verlangen.

Aufgeld

Bei der Kalkulation darf man unter keinen Umständen das Aufgeld vergessen. Daneben können noch andere Steuern fällig werden.

Besichtigung

Bei den meisten Auktionen ist vorab eine Besichtigung der Wagen möglich. Hilfskräfte des Auktionators sind dabei durchaus bereit, die Motor- oder Kofferraumhaube zu öffnen und sie werden es auch zulassen, dass man den Innenraum besichtigt. Der Motor kann zwar gestartet werden, eine Probefahrt aber ist absolut ausgeschlossen. Man darf den Wagen auch von unten überprüfen, aber mit Sicherheit wird man die Bitte, den Wagen auf eine Bühne zu stellen, ablehnen. Man kann allerdings die wichtigsten Dokumente einsehen.

Bieten

Bevor man sich an einer Auktion beteiligt, sollte man sich unbedingt über sein persönliches Höchstgebot im Klaren sein und – auch wenn es mitunter schwer fallen mag – dabei bleiben. Bis das begehrte Auto aufgerufen wird, vergeht meistens einige Zeit, die man nutzen kann, um die anderen Bieter zu beobachten. Ist der anvisierte Wagen an der Reihe, sollte man die Aufmerksamkeit des Auktionators auf sich ziehen, indem man ein frühes Gebot abgibt. Der Auktionator wird dann immer zu Ihnen blicken, um eine Reaktion auf ein Gebot zu bekommen. Zumeist wird in genau definierten Schritten gesteigert, was sich erst ändern kann, wenn die Gebote langsamer kommen. Dann werden auch kleinere Schritte akzeptiert. Wenn man sich aus dem Gebotgefecht verabschieden will, sollte man dies dem Auktionator unmissverständlich signalisieren – ein deutliches Kopfschütteln sollte reichen.

Bei einem erfolgreichen Gebot notiert sich der Auktionator die Nummer Ihrer Karte, und von nun an sind Sie für den Wagen verantwortlich.

Wird der Wagen nicht verkauft, weil er schlicht kein ausreichendes Interesse fand oder unter dem Ausrufpreis blieb, gibt es immer noch die Möglichkeit, mit dem Besitzer – unter Vermittlung des Auktionators – direkt zu verhandeln.

Erfolgreiches Gebot

Bereits im Vorfeld sollte man sich für diesen Fall ein paar Gedanken gemacht haben. Wie wird der Wagen nach Hause transportiert und welche Versicherung wird dafür benötigt? Die Versicherungsfrage sollte man auf jeden Fall bereits vor der Auktion geklärt haben. Ist der Wagen nicht fahrbereit: Kann man ihn auf einem Anhänger transportieren oder muss man die Aufgabe an ein qualifiziertes Unternehmen delegieren? Das Auktionshaus verfügt zudem ebenfalls über entsprechende Adressen.

eBay und andere Internet-Auktionen

Bei eBay und anderen Internet-Auktionshäusern kann man durchaus für einen günstigen Preis an seinen Traum-Klassiker kommen, doch sollte man nicht auf eine gründliche Untersuchung des Wagens vor Ort verzichten. Die meisten Anbieter ermutigen die Interessenten sogar ausdrücklich dazu. Bei eBay wird stets der Standort des Wagens genannt, sodass man sich ein Angebot in erreichbarer Nähe aussuchen kann. Seien Sie darauf vorbereitet, in letzter Minute überboten zu werden. Sie sollten sich darüber im Klaren sein, dass Ihr Gebot bindend ist, es aber andererseits sehr schwer ist, einen betrügerischen Anbieter vor Gericht zur Rechenschaft zu ziehen. Immer wieder kommt es auch zum Verkauf von „Geisterwagen". Daher sollte man sicherstellen, dass der in Frage kommende Wagen tatsächlich existiert und sich nicht voreilig von seinem Geld trennen.

12 Wie viel ist er wert?

Der Markt tut sich noch schwer damit, den ersten Boxster bereits als Klassiker zu würdigen. Die Prognose ist jedoch günstig, alles andere wäre bei diesem Stammbaum auch ungewöhnlich. Dennoch wird ein Porsche Boxster derzeit überwiegend als „normaler" Gebrauchter gehandelt, das Preisniveau lässt sich als vergleichsweise erschwinglich beschreiben. Gute und gepflegte Exemplare mit nachvollziehbarer Historie und ohne Wartungsstau halten maximal ihren Wert, ein Anstieg ist momentan nicht zu beobachten.

Man glaubt es kaum, aber frühe Boxster wie dieser sind vergleichsweise günstig zu haben.

Grundsätzlich ist ein Porsche Boxster kein Hochpreisklassiker und wird nach Meinung diverser Marktbeobachter den Stellenwert seines „großen Bruders" 911 auch in absehbarer Zukunft nicht erreichen. Durchschnittlich gepflegte Exemplare, die als Alltagsfahrzeuge genutzt wurden und entsprechende Kilometerstände sowie Gebrauchsspuren aufweisen können, gibt es mit etwas Glück bereits ab etwa 10.000 €. Das müssen keine schlechten Autos sein! Ob sie sich jedoch als Liebhaberobjekte eignen, sei dahingestellt.

Das Gros des Angebots bewegt sich – Stand Juli/August 2018 – zwischen 15.000 und 20.000 € für gepflegte Fahrzeuge, einzig das nur im Modelljahr 2004 angebotene Sondermodell „50 Jahre 550 Spyder" bewegt sich deutlich in Richtung 30.000 €. Wenn überhaupt mal eins angeboten wird. Grundsätzlich gilt es, bei der Suche kühlen Kopf zu bewahren und nicht ausschließlich Herz oder Bauch entscheiden zu lassen. Selbst dann nicht, wenn es sich auf den ersten Blick um Ihr persönliches Traumauto handelt.

Ein Boxster S mit 2,7- oder 3,2-Liter-Motor verspricht mehr Biss als das Basismodell. Wesentlich teurer als dieses ist er auf dem Gebrauchtmarkt derzeit jedoch nicht unbedingt.

Das Sondermodell „50 Jahre 550 Spyder" aus dem Modelljahr 2004 war schon als Neuwagen begehrt. Taucht einer auf dem Gebrauchtmarkt auf, gehört er eindeutig zu den teuren Boxstern.

Zustand:

Wichtig ist einzig und allein: Was steht da genau vor Ihnen? Mit Hilfe des Bewertungssystems aus Kapitel 9 können Sie beurteilen, in welchem Zustand sich das Kaufobjekt befindet und ob es sich überhaupt lohnt, mit dem Verkäufer in Verhandlungen einzutreten. Sinnvoll ist es zudem, sich zuvor in einschlägigen Internetportalen wie www.mobile.de oder www.autoscout24.de über die aktuelle Marktlage zu informieren und Fachzeitschriften zu konsultieren.

Im Falle der Marke Porsche kann es sich immer lohnen, Kontakt zur rührigen Clubszene (etwa www.boxster-group.de) oder zum typenübergreifenden Forum www.pff.de aufzunehmen. Auch Nichtmitgliedern gegenüber zeigt man sich dort hilfsbereit. In der Regel bekommt man so einen einigermaßen verlässlichen Rahmen dafür, was preislich „geht". Natürlich kann man ein wirklich gut gepflegtes Exemplar, aus erster Hand und garagenverwöhnt, entsprechend würdigen. Und in der Tat, solche Autos gibt es! Man sollte sich aber darüber im Klaren sein, dass der verlangte Preis nicht nur vom reinen Zustand, sondern auch von der vorhandenen Zusatzausstattung abhängt.

Alles an Bord? Die feinen Ledermäppchen bergen Betriebsanleitungen und Wartungsheft sowie die DVDs für das Navigationssystem. Seit 2012 gibt es allerdings keine aktuellen Kartendaten mehr.

Für heiße Rundenzeiten (l.): Das „Chrono Sport"-Paket beinhaltet eine Stoppuhr. Mit den „Design"-Paketen kamen individuellere Inneraumfarben.

Empfehlenswerte Extras:

- Porsche „Design"-Pakete
- „Sport"-Paket
- „Chrono-Sport"-Pakete

Auf Wunsch lieferte Porsche den Boxster auch optisch modifiziert („Design"-Paket), selbstverständlich gegen Aufpreis.

Die Legende will wissen, dass das links platzierte Zündschloss auf jene Zeiten zurückgeht, da die Fahrer zum 24-Stunden-Rennen in Le Mans zu ihren Autos sprinten mussten: Einstieg auf der rechten Seite (Rechtslenker im Rennwagen), linke Hand an den Starter und mit der rechten die Tür zu. Es gibt aber viele Varianten.

Nicht empfehlenswert:

- nicht eingetragene oder nicht serienmäßige Zubehörteile (Tuning)
- Lackierungen in nicht serienmäßigen Farben
- Leichtmetallräder aus dem Zubehör

Gewährleistung:

Mit etwas Glück finden Sie einen gepflegten Boxster, der von einem Porsche-Zentrum angeboten wird. Das bietet dann in der Regel auch die vollen Garantieleistungen, die für Gebrauchtfahrzeuge üblich sind. Allerdings: Die Sache mit der Gewährleistung ist bei älteren Fahrzeugen grundsätzlich schwierig. Selbst, wenn Sie bei einem Händler kaufen, der Gewährleistung bieten muss, gibt es doch immer wieder Fälle, in denen sich auch Profis genau darum drücken. Da gibt es dann Kaufverträge mit dubiosen Ausschlussklauseln, die den Händler von jeglicher Haftung freisprechen und das komplette Risiko dem Käufer überantworten. Oft wird dann auch davon gesprochen, dass das Auto eigentlich nur für den Export bestimmt sei. Falls Ihnen bei solchen Äußerungen flau im Magen wird, sollten Sie vom Kauf Abstand nehmen und sich nach einem seriöseren Händler umsehen. Allerdings: Bei einem Privatgeschäft tragen Sie das Risiko stets selbst!

Inspektion vor dem Kauf:

Zweierlei hilft Ihnen, das Risiko zu vermindern: dieses Buch und natürlich die Möglichkeit, die Hilfe unabhängiger Fachleute in Anspruch zu nehmen. Ein Verkäufer, der nichts zu verbergen hat, sollte einer technischen Überprüfung des Kaufkandidaten in einer Werkstatt (es muss nicht unbedingt ein Porsche-Zentrum sein) oder durch eine Prüforganisation wie TÜV oder DEKRA zustimmen. Die Kosten müssen Sie selbst übernehmen, was sich aber in der Regel lohnt. Einem skeptischen Verkäufer gegenüber können Sie argumentieren, dass auch er sein eigenes Fahrzeug nach einer professionellen Überprüfung besser einschätzen kann. Eigentlich ist also allen Beteiligten geholfen.

Vertragsabschluss:

Ganz wichtig: Bestehen Sie auf einem schriftlichen Kaufvertrag! Handschlag-Deals können ihren Reiz haben, allerdings nicht unbedingt zwischen einander unbekannten Personen. Verhandeln Sie auf Basis des Ist-Zustandes, der vorliegenden Wartungsunterlagen, der Kilometerleistung und eventuell vorhandener Mängel über den Preis. Berücksichtigen Sie auch die Ausstattung und etwaiges Sonderzubehör.

Sollten relevante Reparaturen oder Wartungsarbeiten absehbar sein, sollten Sie diese Kosten vom Kaufpreis abziehen oder mit dem Verkäufer aushandeln, inwieweit er die Mängel vor dem Verkauf beheben lässt.

Bleiben Sie fair! Bestandteil einer jeden Verhandlung ist es, aufeinander zuzugehen und einen Kurs zu erzielen, mit dem beide Vertragsparteien leben können. Ist das partout nicht möglich, suchen Sie ohnehin besser weiter! Es gibt auf dem Markt viele gute Porsche Boxster, die Wahrscheinlichkeit ist hoch, dass Sie auch woanders in jedem Fall ein ordentliches Exemplar finden werden.

13 Restaurieren – ja oder nein?

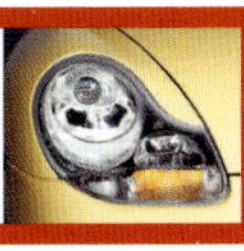

Wollte jemand einen Boxster restaurieren, bekäme er es mit der komplexen Verdeckmechanik …

Bislang dürfte wohl noch kein Boxster restauriert worden sein. Der Wagen ist dafür auch noch zu jung. Insofern stellt sich die Frage nicht akut. Ein so modernes Fahrzeug wirft allerdings interessante Zukunftsfragen auf: Wird man ihn überhaupt restaurieren können? Für die meisten Selbstmacher ist die moderne Konstruktion viel zu komplex, der Boxster gehört bereits zu einer Automobilgeneration, die unter anderem engvernetzte Elektronikkomponenten beinhaltet. Werden diese in 15, 20 oder 25 Jahren zu reparieren sein? Wird es Ersatz geben?

Grundsätzlich ist der Porsche Boxster ein mechanisch solides und hochwertig gebautes Fahrzeug, für dessen Instandhaltung indes Fachwissen unumgänglich ist. Allein mit dem Mittelmotor ist der Dorfschrauber um die Ecke überfordert. Ersatzteilengpässe gibt es noch nicht, zumal der Markt genügend Teile – neue wie gebrauchte – bereithält. Dabei muss man nicht unbedingt auf Reproduktionen von zuweilen zweifelhafter Qualität zurückgreifen, das meiste gibt es nach wie vor neu an der Teiletheke des Porsche-Zentrums, dann natürlich zu entsprechenden Preisen.

Sparen lässt sich mit der Suche auf gut sortierten Schrottplätzen oder im Internet. Aufpassen sollte

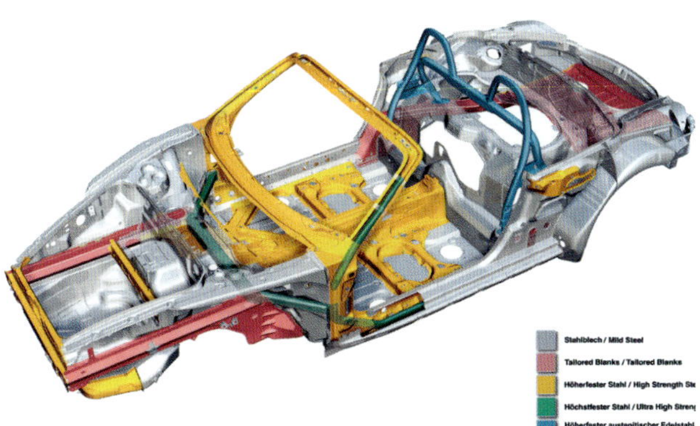

… mit anspruchsvollen Blecharbeiten …

... mit einem Wasserboxer mit reichlich Steuerungshilfen ...

man bei Fahrzeugen, die bereits erkennbare Reparaturen hinter sich haben. Schlamperei rächt sich immer – wenn nicht früher, dann ganz bestimmt später!
Was Elektrik- und Elektronikteile wie Steuergeräte anbetrifft, ist der Gebrauchtmarkt recht gut sortiert und bietet in allen Preisklassen Ersatz. Allerdings ist bei allzu billigen Offerten Vorsicht geboten: Die Funktion eines ABS-Steuergerätes überprüfen Sie nicht mal eben auf dem Küchentisch, da sollten Sie nur bei vertrauenswürdigen Quellen kaufen!

Fragen und Antworten

Es fehlen die Erfahrungswerte, aber grundsätzlich kann man derzeit von der Kernrestaurierung eines maroden Porsche Boxster klar abraten. Suchen Sie lieber ein besseres Fahrzeug! Da der Boxster mit ziemlicher Sicherheit zu einem Klassiker heranreifen wird, kann sich diese Einschätzung ändern. Das wird aber noch dauern.

... und natürlich mit viel Elektronik und moderner Sicherheitstechnik zu tun.

14 Lackprobleme

Lackprobleme entstehen zumeist aufgrund unzureichender Vorarbeiten für eine Neulackierung oder Ausbesserung. Einige der folgenden Probleme werden Sie bei der Klassiker-Suche häufiger antreffen.

Orangenhaut

Die ungleichmäßige Lackoberfläche erinnert an die Schale einer Orange. Das Problem entsteht, wenn der Lack zu wenig verdünnt wurde (häufig auch in Kombination mit einem zu großen Sprühabstand). Auch extreme Temperaturunterschiede zwischen der Umgebung und der zu lackierenden Oberfläche fördern die Bildung einer Orangenhaut. Dieser Effekt lässt sich in leichteren Fällen mit einer entsprechenden Politur oder sehr feinem Schleifpapier beseitigen. Je nach Ausmaß dieses Lackierfehlers ist eine Neulackierung empfehlenswert. Hier hilft auf jeden Fall die Begutachtung durch einen Experten.

Risse

Risse im Lack können vor allem durch zu viel Spachtelmasse entstehen. Wird dem Lack zu viel Härter beigemischt oder besteht eine Unverträglichkeit zwischen der neu aufgetragenen Farbsorte und der bereits vorhandenen Lackierung, kann es ebenfalls zu diesen Erscheinungen kommen. Bei einer umfassenden Restaurierung sollte man vor der Neulackierung sämtliche Lackschichten entfernen, um dieses Problem sicher auszuschließen.

Haarrisse

Wenn sich feine Haarrisse über die Lackoberfläche verteilen, liegt häufig eine Unverträglichkeit des Lacks mit der verwendeten Grundierung vor. In diesem Fall muss man sich Gedanken über eine Neulackierung machen.

Blasen

Korrosion unter der Lackierung verursacht unweigerlich Blasen. Werden sie erst einmal richtig sichtbar, ist der Schaden an den Blechen vermutlich ziemlich groß. Vor einer Neulackierung muss in diesen Fällen zunächst das betroffene Blech repariert werden.

Mikroblasen

Diese Blasen lassen auf eine billige Lackierung schließen, bei der die Oberfläche nicht gründlich trocknen konnte. Am besten holt man sich Rat bei einem Spezialisten, doch wird man häufig in dem betroffenen Bereich die alte Lackierung vollständig entfernen müssen. Als Ursache für die Blasen kommen aber auch Fahrzeugabdeckungen in Frage, die nicht „atmen".

Verblassen

Einige Farben, vor allem Rot, neigen dazu, bei starker Sonneneinstrahlung und ohne Schutz durch entsprechende Politur zu verblassen. Wenn eine Behandlung mit einem Lackreiniger nicht ausreicht, kommt man um eine Neulackierung nicht herum.

Abblättern

Vor allem bei Metallic-Lackierungen kann es vorkommen, dass der Klarlack abblättert. Schlecht aufgetragener Einschicht-Lack zeigt ebenfalls diese Erscheinung. Konsequenterweise muss das Fahrzeug auch in diesen Fällen neu lackiert werden.

Einschlüsse

Wenn bei den Vorbereitungen zum Lackieren und beim eigentlichen Lackiervorgang nicht auf Sauberkeit geachtet wurde, kommt es zu Staub- und Schmutzeinschlüssen, die sich nicht ohne weiteres entfernen lassen. Da hilft nur eine vollständige Neulackierung.

Beulen

Kleinere Beulen lassen sich leicht vom „Beulen-Doktor" (Adressen im Internet) sanft und meistens ohne Folgen für den Lack aus dem Blech ziehen, sofern die Lackoberfläche noch intakt ist. Auf jeden Fall sollte man berücksichtigen, dass bei vielen Oldtimern dickere Bleche verwendet wurden als bei heutigen Fahrzeugen und sich dadurch die Arbeit des Beulen-Doktors manchmal schwieriger – und somit teurer als angenommen – gestalten kann.

15 Konditionsprobleme

Der beste Porsche ist ein Porsche, der regelmäßig bewegt und gewartet wird. Der Boxster ist eine Fahrmaschine reinsten Wassers! Auch, wenn das taschentuchgepflegte Garagenauto mit nur 60.000 nachweisbaren Kilometern noch so reizvoll ist – es muss nicht das bessere Angebot sein! Spätestens, wenn Sie ein solches Fahrzeug regelmäßig benutzen wollen, können Standschäden teure Reparaturen nach sich ziehen. Es gilt allerdings auch das andere Extrem: Wenn ein vergleichsweise junges Auto wie ein Porsche Boxster in vielleicht 15 Jahren 300.000 Kilometer „geschrubbt" hat, ist das sicher an die Substanz gegangen.

Rost:

Karosserieseitig schützt die Vollverzinkung den Boxster vor Korrosion. Zudem durfte ein solcher Wagen die Tage und Nächte meistens in trockenen Garagen verbringen – zumindest beim Erstbesitzer. Die braune Pest nagt da eher im Verborgenen und bevorzugt an der Technik. Etwa an der Bremsanlage, wo Kolben, Zangen und Zylinder befallen sein können oder Bremsbeläge an Bremsscheiben festgebacken sein können. Gern rostet auch die Mechanik der Feststellbremse fest. Mitunter so sehr, dass man das Auto gar nicht mehr von der Stelle bekommt. So ein Auto sollte man am besten gar nicht bewegen, bis das Problem im Wortsinn gelöst ist.

Hat die werksseitig aufgebrachte Vollverzinkung nicht gelitten, sollte der Porsche ziemlich rostfrei bleiben.

Flüssigkeiten:

Alte Flüssigkeiten gehören erneuert, bevor Sie ein Fahrzeug, das lange gestanden hat, wieder in Betrieb nehmen können. Altes Öl kann Dichtungen angreifen und Lager zersetzen. Bestimmte Bestandteile von Kraftstoff und Bremsflüssigkeit sind „hygroskopisch", ziehen also Wasser an, was zu Rostbildung im Kraftstoffkreislauf und im Bremssystem führen kann. Hat etwa die Bremsflüssigkeit bereits zu viel Wasser aufgenommen, kann dies bei heißgefahrener Bremse zu Dampfblasenbildung im System führen. Schlimmstenfalls versagt die Bremse! Die Klimaanlage sollte nach langer Standzeit ebenfalls überprüft werden. Das Kühlmittel ist hochgradig flüchtig, zum Schmieren des Klimakompressors aber lebensnotwendig. Eine leere Anlage sollten Sie niemals einschalten!

Die Kontrolle aller Flüssigkeiten ist bei einer Besichtigung obligatorisch!

Reifen:

Es ist ein weit verbreiteter Irrglaube, dass man mit Reifen, deren Profil „noch gut" aussieht, sorgenfrei fahren kann. Nach fünf bis sieben Jahren können die in der Gummimischung der Reifen enthaltenen Weichmacher so weit entwichen sein, dass der Pneu spröde und rissig wird. Das kann

Ab Werk waren ausstattungsabhängig diverse Raddesigns verfügbar, Porsche selbst bot auch Sonderräder an. Hauptsache, die Räder passen zum Fahrzeug.

Altert die große umlaufende Dichtung unter der Haube, kann es im Gepäckabteil feucht werden. Prüfen Sie auch, ob sie richtig sitzt.

lebensgefährlich sein! Achten Sie beim Kauf des Fahrzeugs auf die in die Reifenflanke eingeprägte DOT-Nummer. Sie gibt Produktionswoche und -jahr an. Hat das Auto längere Zeit gestanden, können sich so genannte „Standplatten" gebildet haben. Diese machen sich beim Fahren durch deutliche Vibrationen bemerkbar, können allerdings auch wieder verschwinden. Tun sie das nicht, sollte man die Bereifung in einer Fachwerkstatt prüfen und notfalls austauschen lassen.

Stoßdämpfer:

Stoßdämpfern sieht man einen Schaden nicht unbedingt an, es sei denn, es tritt bereits Öl aus. Der Grund: Die Dichtungen im Inneren der Dämpfer altern und werden brüchig. Solche Exemplare sollten umgehend getauscht werden. Übrigens ist der gute alte „Wackeltest" (das Fahrzeug an allen vier Ecken kräftig herunterdrücken – das Auto sollte langsam, eben gedämpft, wieder hochkommen) höchstens ein Anhaltspunkt für den Zustand des Fahrwerks, aber keine sichere Diagnose. Wippt das Auto beim Ausfedern deutlich sichtbar nach, besteht aber auf alle Fälle Handlungsbedarf.
Besondere Vorsicht ist geboten, wenn das Besichtigungsobjekt vom Vorbesitzer mit einem Sportfahrwerk nachgerüstet wurde. Dies ist dann oft derart hart, dass da nichts mehr wippt. Ein solches Fahrzeug sollte generell von einem Fachmann untersucht werden.

Gummi- und Kunststoffteile:

Nach etwa zwanzig Jahren können die Weichmacher aus allen möglichen Gummidichtungen entwichen und diese ausgehärtet sein. Auch regelmäßige Pflege mit entsprechenden Mitteln wie Stiften und Sprays verzögert den Prozess nur. Schlimmstenfalls schrumpfen etwa Fensterschachtabdichtungen so zusammen, dass Wasser von oben in die Türen laufen kann. Die gründliche Kontrolle aller Dichtungen (Fenster, Türen, Hauben, Verdeck) sollte selbstverständlich sein.

Vorteil der Glasheckscheibe (o.r.) gegenüber dem Kunststoffpendant: Sie ist nicht nur haltbarer, sondern auch beheizt. Der robuste Griff (o.l.) entriegelt das Verdeck, das sich innerhalb kurzer Zeit bündig im Verdeckkasten ablegen sollte. Das kleine Windschott aus Glas (r.) war aufpreispflichtig.

Das Verdeck:

Überprüfen Sie die Dichtigkeit des Verdecks unbedingt nicht nur auf Sicht, sondern auch in einer Waschanlage. Die Funktionsprüfung des Antriebs ist obligatorisch.

Elektrik:

Der größte Feind der Elektrik heißt übrigens ebenfalls Oxidation. Sie befällt Steckverbindungen und Kontakte, was gern zu Fehlfunktionen und Totalausfällen ganzer Baugruppen führt. Hat ein Auto lange gestanden, sollte man alle wichtigen Funktionen durchtesten. Kommt es zu Fehlern, muss man nicht gleich das „ganz große Besteck" herausholen. In vielen Fällen wirken ein Sprühstoß mit Kontaktspray und der Einsatz von feinem Schleifpapier an Steckverbindungen Wunder.

Auch Sicherungen können den Dienst quittieren und sind in Sekunden ausgetauscht. Generell tun Sie Ihrem Auto Gutes, wenn Sie die Batterie bei absehbar längerer Standzeit an ein „Erhaltungsladegerät" – auch bekannt als „Akku-Jogger" – anschließen. Es simuliert die Ent- und Aufladevorgänge des Alltagsbetriebs und hält so den Akku frisch. Wurde der Boxs-

Die elektronische Einparkhilfe PDC war gegen Aufpreis verfügbar und kann sehr nützlich sein. Vor allem bei geschlossenem Verdeck ist der Boxster nach hinten unübersichtlich.

ter über einen längeren Zeitraum komplett von der Stromversorgung getrennt, müssen Sie sich drauf einstellen, diverse Funktionen (Fensterheber, Bremsassistent, Dach) erst wieder „anzulernen", da diese ihre Endpositionen „vergessen" haben. Wie das geht, entnehmen Sie der Betriebsanleitung.

Auspuffanlage:

Es ist fast ein Naturgesetz, nicht nur beim Porsche Boxster: Wenn Sie ein Auto kaufen, das monate- oder jahrelang nicht bewegt wurde, ist oft nach wenigen Wochen Betrieb die Auspuffanlage „fertig". Auch, wenn sie optisch noch intakt aussieht, hat das in den Abgasen enthaltene Wasser im Inneren der Schalldämpfer und Rohre Rost entstehen lassen. Sie faulen von innen nach außen.

16 Wichtige Adressen und Ansprechpartner

Wer einen Porsche fährt, braucht keine Ersatzteilsorgen zu fürchten. Bei einem so jungen Modell wie dem Boxster liefert der Hersteller selbst noch alles, allerdings zu Preisen, die dem Anspruch der Marke Porsche entsprechen. Aber es gibt Alternativen.

Clubs:

Porsche Club Deutschland
Gutenbergstraße 19
70771 Echterding
www.porsche-club-deutschland.de
Dachverband aller deutschen Porsche-Clubs mit zahlreichen Regionalvertretungen

Boxster-Group Deutschland
c/o Hr. Christian Striepen
Wittener Straße 66a
58456 Witten
Virtueller Club, das „Vereinsheim" ist die Internetseite und Informationsplattform www.boxster-group.de. Mehr als 700 Mitglieder, registriert im offiziellen Dachverband.

Spezialisten, Ersatzteile und Händler:

Dr. Ing. h.c. F. Porsche AG
www.porsche.com
Jedes Porsche-Zentrum kann dem Boxster im Ernstfall helfen.

Porsche Classic GmbH
https://www.porsche.com/germany/accessoriesandservices/classic/
Im Falle des Falles hilft die Porsche Classic GmbH zuverlässig weiter.

Mittelmotor GmbH
www.mittelmotor.de
Fachwerkstatt und Ersatzteildienst mit Spezialisierung auf Mittelmotorfahrzeuge mit Sitz in Bochum.

Magazine:

Porsche Fahrer
Unabhängiges Porsche-Magazin der HEEL Verlags GmbH, Königswinter
www.pf-magazin.de

www.pff.de
Unabhängiges Onlinemagazin und Porscheforum

Literatur zum Thema:

Edition Porsche Fahrer – Porsche Boxster Typ 986
In der Mitte liegt die Kraft; Brian Long; HEEL Verlag Königswinter

Das Porsche Boxster 986/987 Schrauberhandbuch
(1997–2008) – Reparieren und Optimieren leicht gemacht; Wayne R. Dempsey; HEEL Verlag Königswinter

Porsche Boxster: Geschichte, Entwicklung, Technik
John Lamm; HEEL Verlag Königswinter (nur noch antiquarisch erhältlich)

Wichtige jährliche Klassiker-Veranstaltungen:

Bremen Classics Motorshow
(Tipp für Käufer: Private Fahrzeugbörse im Messeparkhaus!)

Retro Classics Stuttgart

Techno Classica Essen

Klassikwelt Bodensee Friedrichshafen

Classic Days Schloss Dyck

VETERAMA, Mannheim

Motorshow Essen

Der Autor dankt:
Autohaus Waldow GmbH Rheinbach und Herrn Michael Bode für die freundliche Bereitstellung von Fotofahrzeugen.

17 Technische Daten

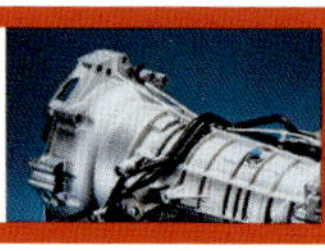

Modell	Boxster (bis 1999)	Boxster (2000 – 2002)	Boxster (ab 2003)
Motor	Sechszylinder-Boxermotor in Mitteleinbaulage		
Hubraum (cm^3)	2480	2687	
Leistung (kW/PS)	150/204	162/220	168/228
Max. Drehmoment (Nm)	245	260	260
Ventilsteuerung	Vierventiltechnik, zwei Nockenwellen pro Zylinderbank, Hydrostößel, ab 2003 mit Einlassnockenwellenverstellung „VarioCam“		
Kühlung	Wasserkühlung		
Getriebe	Schaltgetriebe (5-Gang) oder Tiptronic (5-Gang)		
Antrieb	Hinterradantrieb		
Bremsen	ABS, innenbelüftete Scheibenbremsen rundum		
Radaufhängung vorn	McPherson-Federbeine, Querlenker, Stabilisator		
Radaufhängung hinten	McPherson-Federbeine, Querlenker, Stabilisator		
Maße (LxBxH in mm)	4329x1801x1295		
Leergewicht (kg)	1250	1260	1275

Modell	Boxster S (2000 – 2002)	Boxster S (ab 2003)	Boxster S „50 Jahre 550 Spyder“ (nur 2004)
Motor	Sechszylinder-Boxermotor in Mitteleinbaulage		
Hubraum (cm^3)	3179		
Leistung (kW/PS)	185/252	191/260	195/265
Max. Drehmoment (Nm)	305	305	310
Ventilsteuerung	Vierventiltechnik, zwei Nockenwellen pro Zylinderbank, Hydrostößel, ab 2003 mit Einlassnockenwellenverstellung „VarioCam“		
Kühlung	Wasserkühlung		
Getriebe	Schaltgetriebe (6-Gang) oder Tiptronic (5-Gang)		
Antrieb	Hinterradantrieb		
Bremsen	ABS, innenbelüftete Scheibenbremsen rundum		
Radaufhängung vorn	McPherson-Federbeine, Querlenker, Stabilisator		
Radaufhängung hinten	McPherson-Federbeine, Querlenker, Stabilisator		
Maße (LxBxH in mm)	4329x1801x1295		4320x1780x1280
Leergewicht (kg)	1295	1320	1320